Interior Architecture Sketch

새로운 발상의 시작 : 인테리어 건축 스케치

임은지 지음

머리말

인테리어나 건축부분에 있어서 디자인을 표현하는 방법에는 여러 형태가 있으며, 아이디어를 표현하기 위해 스케치는 디자이너가 습득해야 할 필수적인 표현 방법이라 할 수 있습니다.
스케치란 대상의 이미지와 특성을 간략하게 표현하는 그림이며, 정확하고 객관적으로 표현되어야 합니다.
이 책은 인테리어나 건축분야에서 스케치 학습을 위하여 꼭 필요한 예제를 수록, 학습자 스스로가 단계적으로 실력을 향상시킬 수 있도록 구성되어 있습니다.

Chapter1은 스케치의 기본 표현 기법을 설명하였고
Chapter2는 평면도와 입면도의 표현 방법을 학습하여 평면적인 표현 능력을 설명하였고
Chapter3은 가구 및 여러 장식 요소의 스케치에 대한 예제를 통하여 단계적으로 학습할 수 있도록 구성되어있고
Chapter4는 여러 예제로 사진컷의 공간을 1, 2소점별로 충분히 학습할 수 있도록 되어있으며
Chapter5는 테크닉을 이용한 스케치의 표현 연습으로 마카와 펜터치의 적절한 사용법을 소개하고 있습니다.
마지막으로 Chapter6은 사진 컷을 보고 스케치하는 표현을 하기 위해 많은 예제를 수록하여 어떠한 이미지도 표현이 가능하도록 학습자들에게 실력향상에 도움이 되고자 하였습니다.

수년간 강단에서 학생들을 지도하면서 늘 인테리어나 건축부분에 적절한 스케치 책을 선별하지 못하여, 오랫동안 준비해온 만큼 실무자나 전공자들에게는 도움이 되리라 생각됩니다.
2011년을 맞아 부족한 부분을 수정, 보완하여 더 나은 증보판을 만들게 되어 초보자나 실무자들의 스케치 작업에 좀 더 도움이 되고자 노력하였습니다.
이 자리에 있기까지 디자인을 전공했던 학생이었던 만큼 지난시절 수많은 밤샘 스케치 작업을 지도해주셨던 여러 교수님께 진심으로 감사드리며, 항상 힘이 되는 사랑하는 가족과 작업을 도와준 여러 학생들에게 감사 드립니다.
또한, 책을 출간할 수 있도록 오랫동안 좋은 의견을 아낌없이 주신 도서출판 건기원의 모든 분들께 깊은 감사의 말씀을 드립니다.

Thanks to :
황경숙 대표님, 박민석 교수님, 안정미 교수님, 박승민 대표님, 나인영, 이고니, 임소연, 이강록, 엄유미, 신예솔, 임예지, 전다예, 하의정, 황초희

스케치란, 디자인 표현의 처음이자 형태의 언어다.

공간디자이너의 발상의 도구로써 시작된 메모와 스케치는 상상력을 유발하면서 아이디어를 정리하는 하나의 방법이 된다.
순간순간의 메모와 빠른 스케치는 알아보기 힘든 낙서에 불과할 수 도 있겠지만, 단순한 기록 이상의 가능성을 내포하고 있는 시작이 된다.

메모나 스케치를 통한 시각적 사고의 과정을 논리적 디자인 방법으로 이끌어 공간을 의도했던 개념으로 완성하는데 중요한 역할을 수행한다.

디자인의 개념과 의미를 전달하는 과정이 항상 즐겁다.

London Swiss Re Building - Norman Foster

차 례

1_기본 표현 기법   006
1. 스케치 도구   》 008
2. 선 연습   》 009
3. 기본 도형 연습 Ⅰ   》 013
4. 기본 도형 연습 Ⅱ   》 016
5. 기본 도형 연습 Ⅲ   》 022
6. 기본 도형 연습 Ⅳ   》 026
7. 기본 컬러 연습   》 036
8. 표면 재질 표현   》 050

2_도면 표현 기법   060
1. 평면 표현 기본 연습   》 062
2. 평면 표현 응용 연습   》 063
3. 입면 표현 기본 연습   》 077
4. 입면 표현 응용 연습   》 078

3_실제 사물 스케치   096
1. 가구 스케치 시점   》 098
2. 박스형 가구 그리기   》 099
3. 침대 응용 표현   》 112
4. 소파 응용 표현   》 121
5. 의자 응용 표현   》 131
6. 기타 실내 건축 요소 응용 표현   》 145

4_투시도 표현 기법   164
1. 투시도 정의 및 유의사항   》 166
2. 1소점 기본 연습 A, B   》 167
3. 1소점 응용 표현 연습 Ⅰ~Ⅵ   》 170
4. 2소점 기본 연습 A, B   》 182
5. 2소점 응용 표현 연습 Ⅰ~Ⅴ   》 186

5_스케치 테크닉 표현 연습   196
1. 1소점 테크닉 연습   》 198
2. 2소점 테크닉 연습   》 246

6_사진컷과 스케치 표현 기법   272

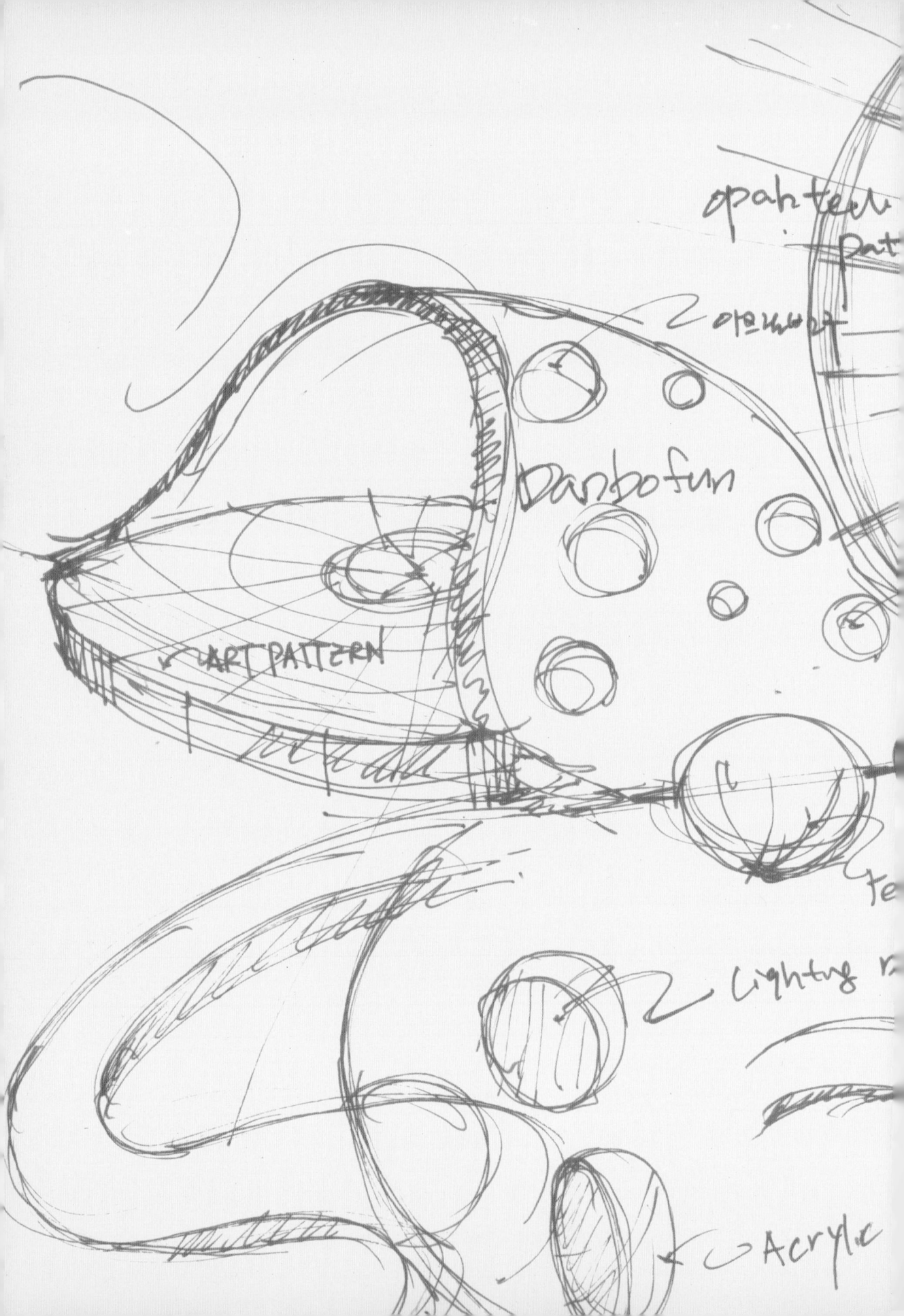

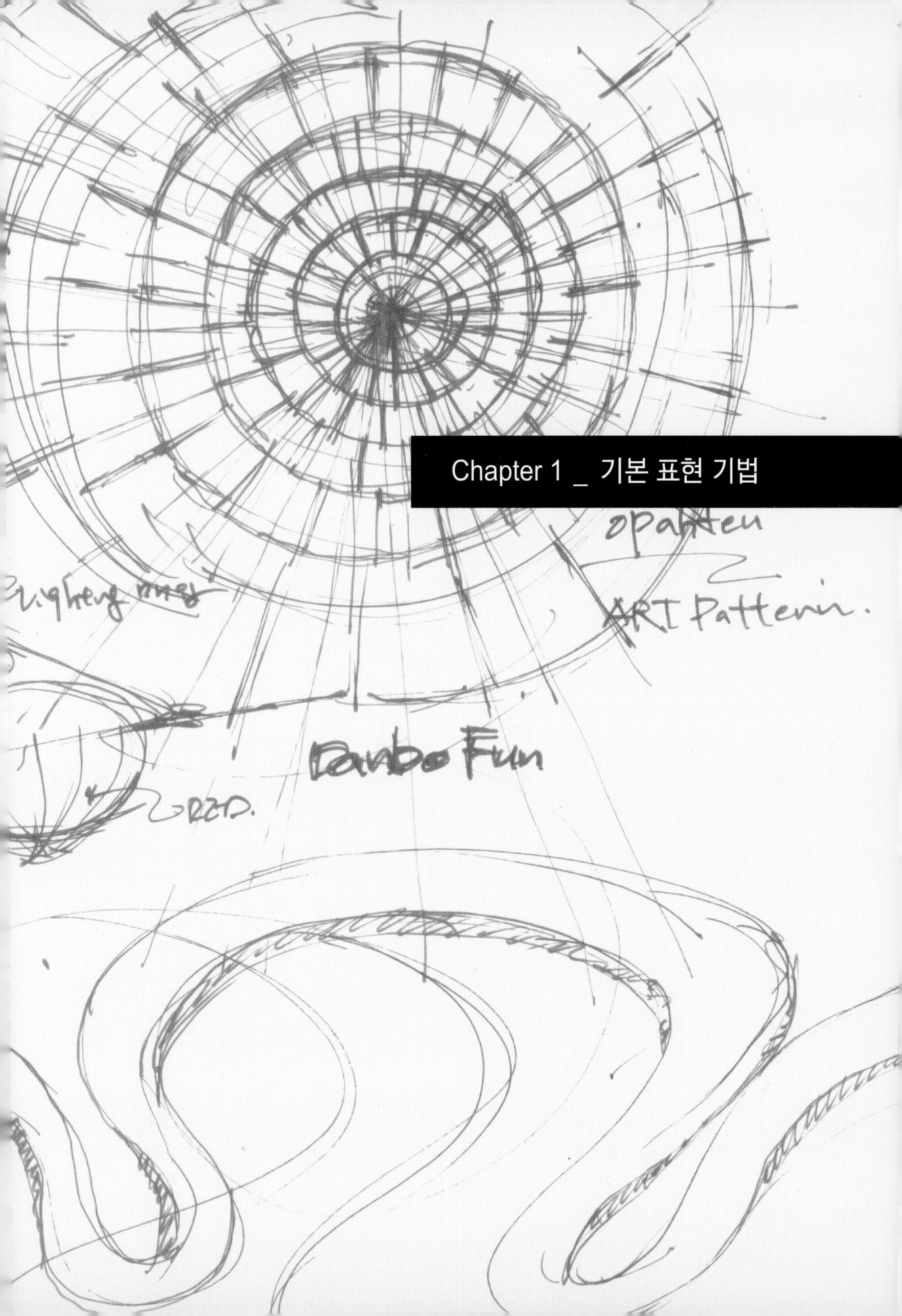

Chapter 1 _ 기본 표현 기법

1_기본 표현 기법

1. 스케치 도구

- 연필(2H~6B)
  - 주로 4B연필이 사용되는데 부드럽고 섬세한 표현에 적당하며, 연필의 강약을 살리기 위하여 가능한 연필깎이를 사용하지 않고 칼을 사용하는 것이 좋다.
  - 정확한 스케치의 형태를 잡기위한 스케치 펜의 전단계에서 연필을 사용하는 경우가 많다.

- 드로잉 펜
  - 일반적으로 스케치 펜이라 부르며 다양한 굵기의 펜으로 구분되어 있으며, 마카 사용시 번짐을 방지하기 위하여 드로잉 펜을 사용하고 있다.

- 색연필
  - 흑백이나 여러 컬러의 다양한 선택이 가능하며, 연한 이미지를 만들 수 있다.
  - 유성제품은 덧칠을 할 때 많이 번들거려서 여러번 색을 입히기가 어려우므로 스케치 도구로써는 수성제품을 사용하는 것이 좋다.
  - 색연필만 독자적으로 사용이 가능하며, 마카와 함께 사용할 수도 있다.
  - 정확한 스케치의 형태를 잡기 위한 스케치 펜의 전단계에서 연필을 사용하는 경우도 있다.

- 마카
  - 색조나 터치가 단순, 명쾌하여 흐릿한 표현이나 먼 거리의 느낌(원근감) 표현에는 부적당하지만, 인테리어나 건축 등 단시간의 스케치 표현에 적당하다.
  - 마카는 매우 강한 느낌을 전달하는 도구로서 밝은 색부터 칠하면 실패할 확률이 적다.
  - 그레이 톤을 사용하여 그림자 처리를 한다.
  - 공간감의 표현은 바닥은 어둡게, 벽체는 중간, 천장은 밝은 색으로 칠해야 공간감이 생긴다.

- 마카지
  - 렌더링을 하거나, 스케치를 할 경우 마카를 사용하기 위한 전용지(마카가 번지지 않음)로써 A3, A4사이즈가 있다.
  - 초보자의 경우 마카의 색을 정확하게 이해하기까지 흰색의 종이를 사용하여 연습한 후, 옐로우 트레싱지(옐로우 페이퍼)를 사용하는 것이 좋다.
  - 마카지 사용시 앞뒷면을 구분해 사용하여야 하며, 매끄러운 면이 앞면이다.

2. 선 연습

인테리어나 건축분야에서 스케치는 필수적인 요소이며, 스케치를 잘하려면 평행감각과 비례감각이 중요하다.
또한, 본인의 아이디어를 표현하기 위하여 기초가 되는 선 연습을 통하여 다양한 구상력과 창의력을 기를 수 있도록 한다.

- 선 긋는 방법
    - 스케치 선(자연스러운 요철이 있는 선)을 사용한다.
    - 손의 움직임과 그리는 속도가 균일하도록 연속적으로 반복하는 것이 좋다.
    - 일정한 선의 간격으로 수평선, 수직선, 사선을 연습한다.
    - 선의 시작과 끝을 명확히 해야 하며 끝은 날림선이 되지 않도록 주의한다.
    - 원, 타원 등은 각자 편한방향으로 그리며, 자연스러운 형태를 만든다.
    - 마감재의 질감 표현에 적절한 선의 강약을 사용하여 표현한다.

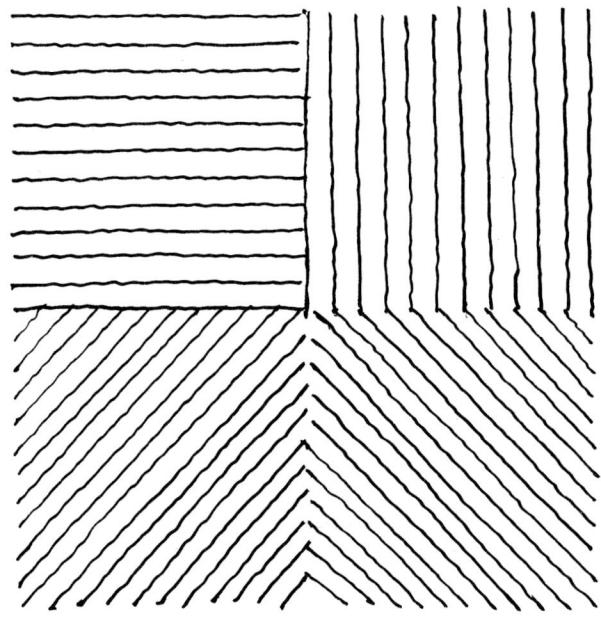

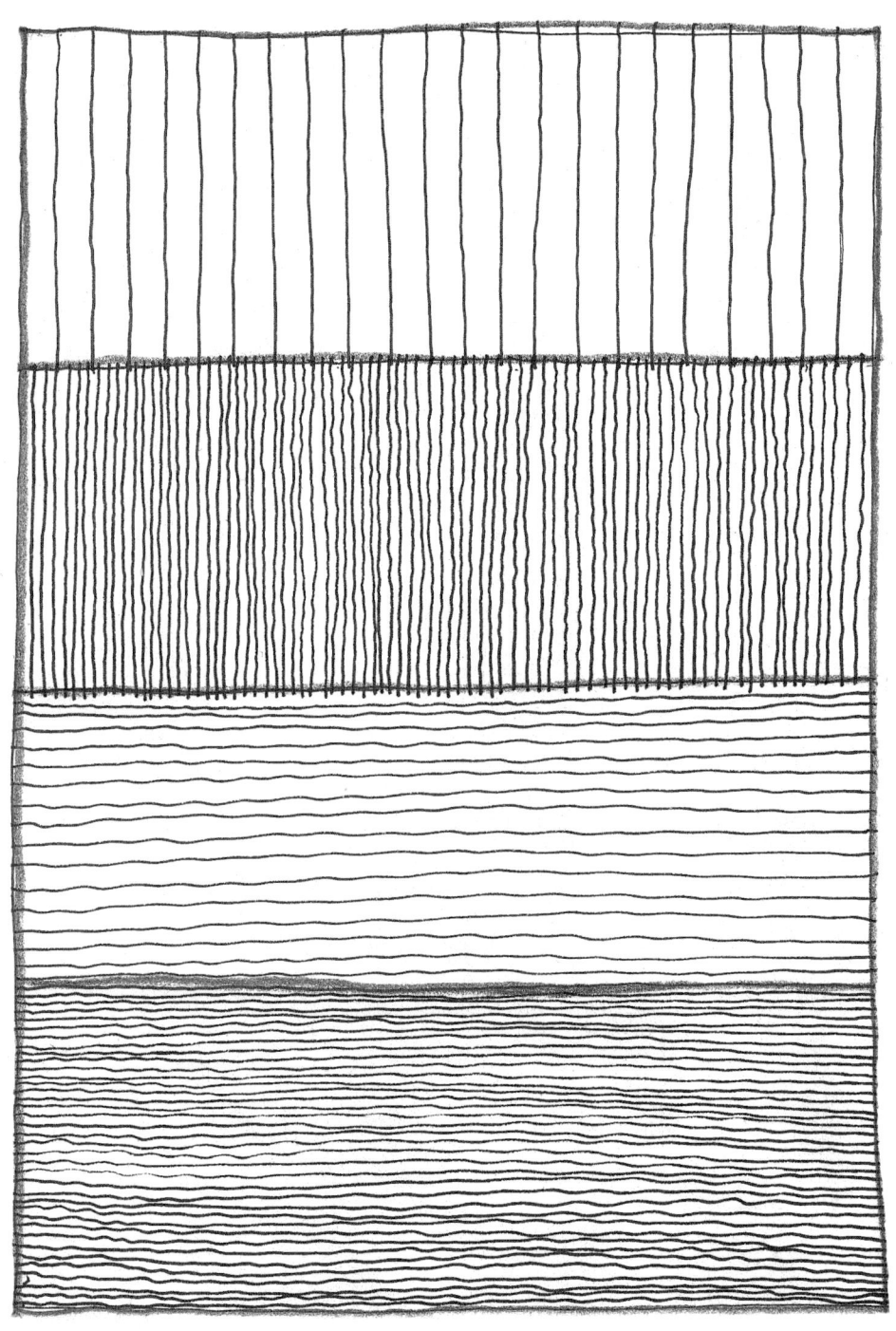

Point _ 스케치 선을 사용하여 일정한 간격으로 수평선 · 수직선 · 사선을 연습한다.

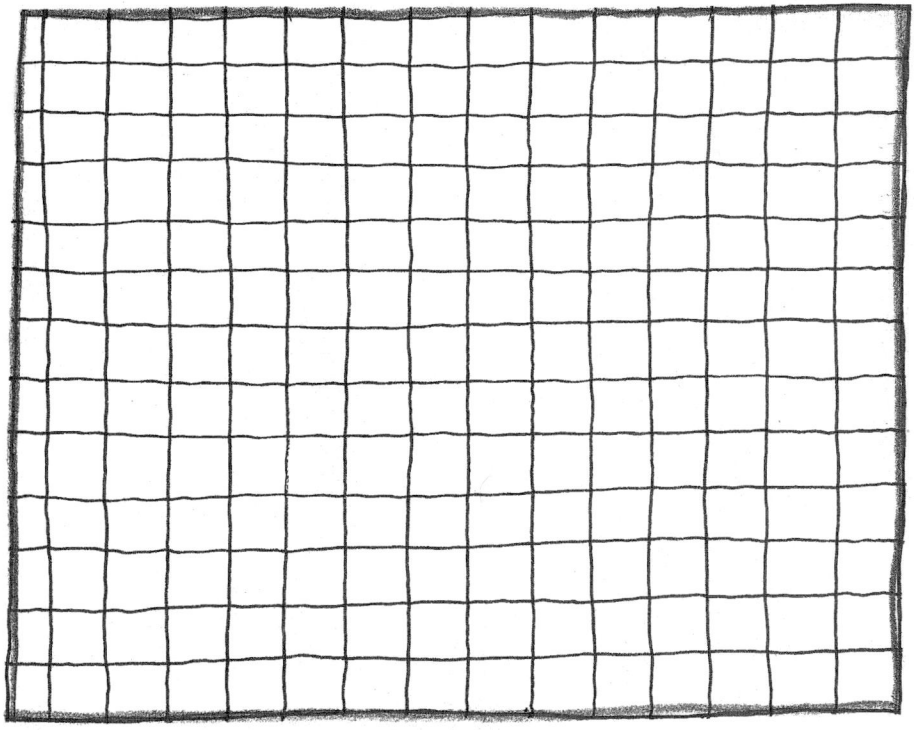

Point _ 선의 시작과 끝을 명확하게 하여 수평 · 수직을 유지한다.

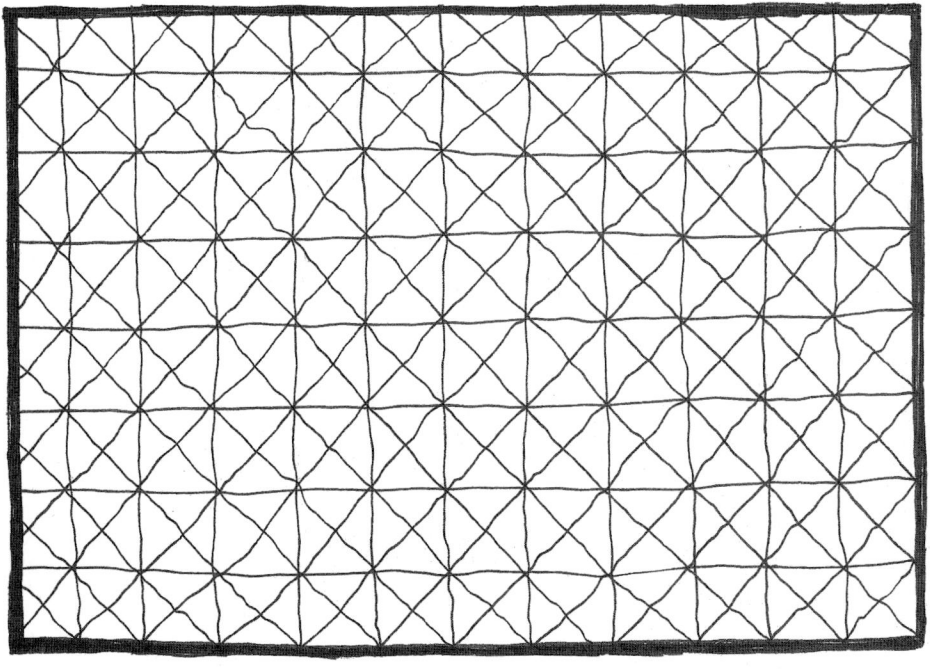

Point _ 사선이 휘지 않도록 주의한다.

Point _ 표현의 이해도를 높이기 위해 선굵기를 다르게 사용하여 연습한다. (드로잉 펜 사용)

3. 기본 도형 연습 I

- 도형 그리기
    - 삼각형의 가로 · 세로선이 교차되도록 그린다.
    - 삼각형은 중간부분이 불룩해지거나 오목해지지 않도록 주의한다.
    - 원은 겹선을 사용해도 무관하며, 자연스러운 원의 형태를 만든다.

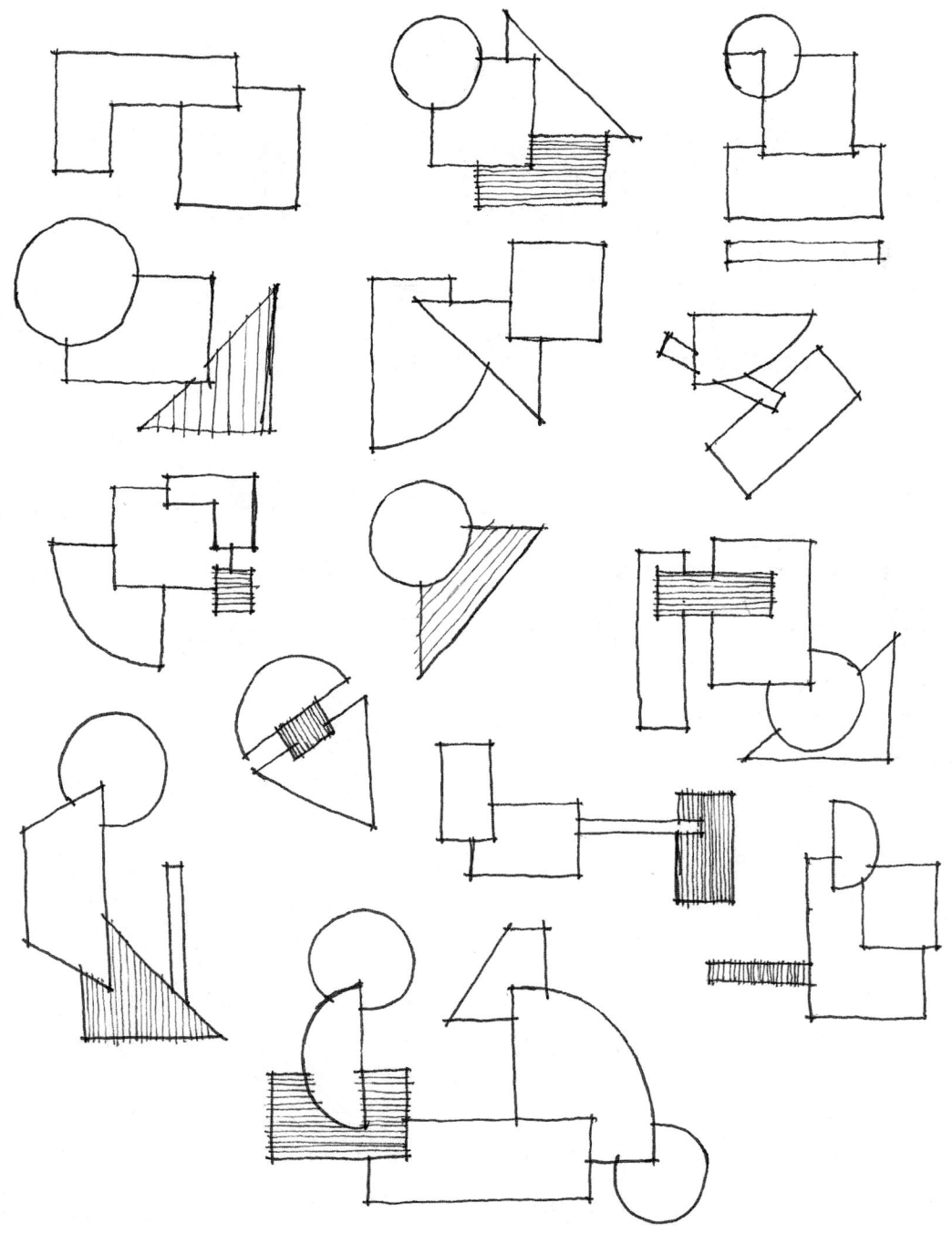

- 유사형의 조합
    삼각형 + 삼각형, 사각형 + 사각형, 원 + 원

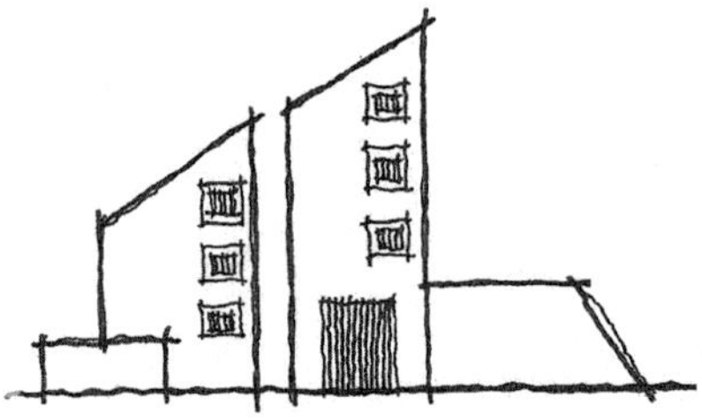

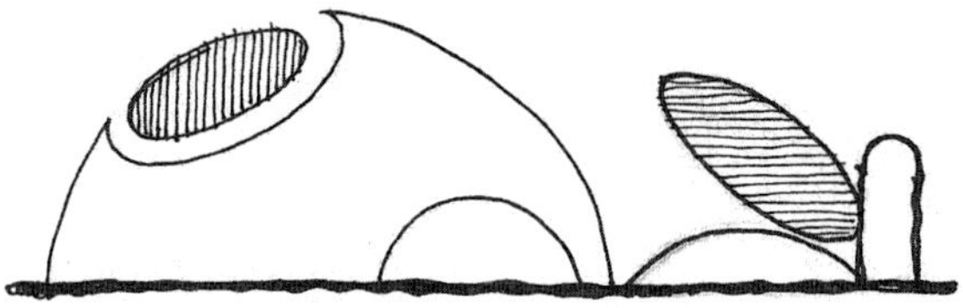

- 유사형의 공제
    삼각형 - 삼각형, 사각형 - 사각형, 원 - 원

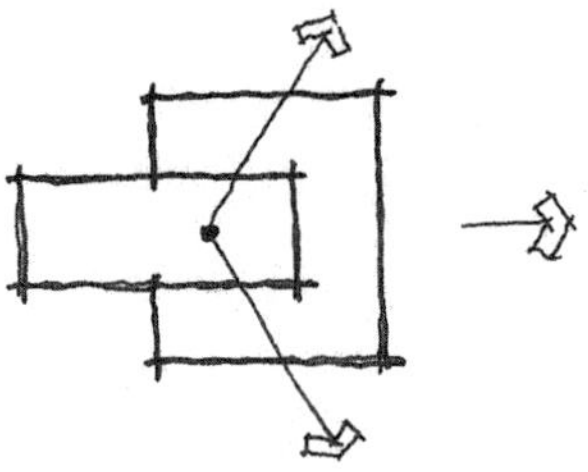

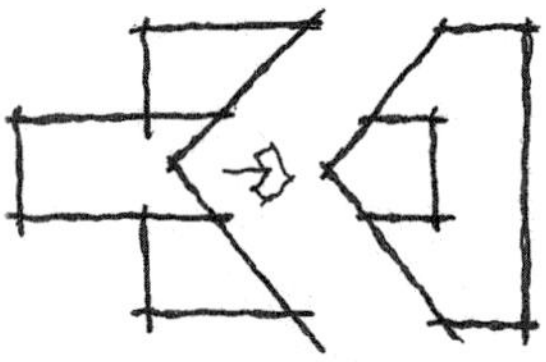

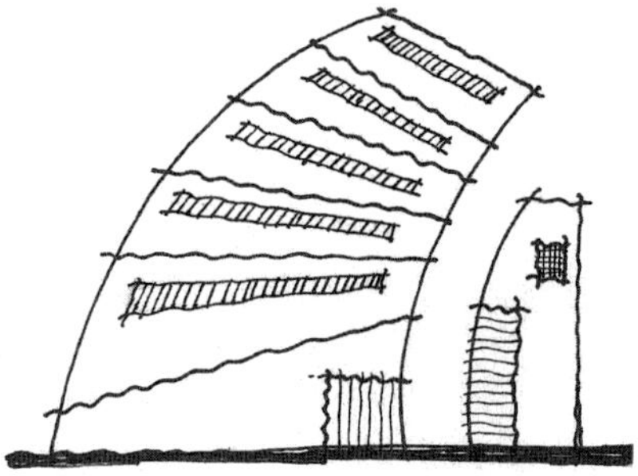

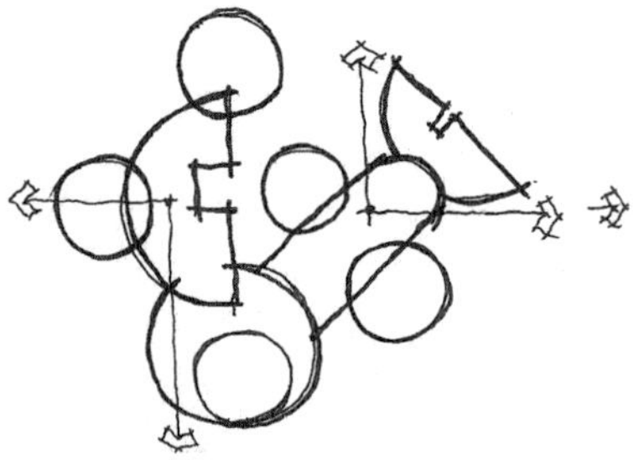

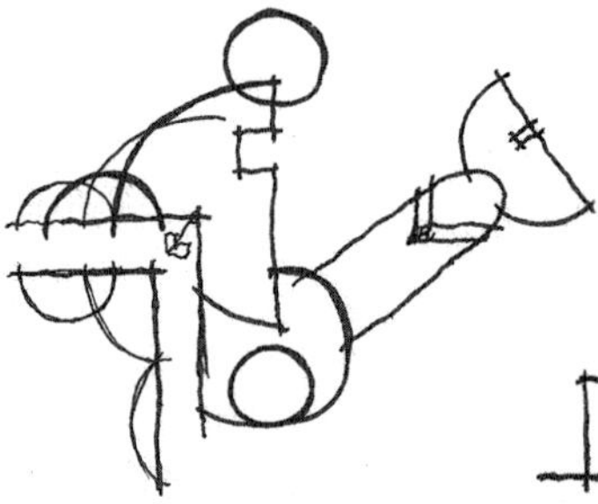

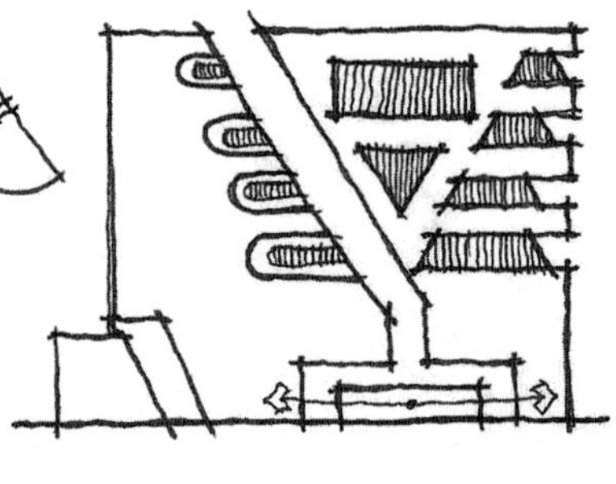

- 이질형의 조합
    삼각형 + 사각형, 사각형 + 원, 삼각형 + 원, 삼각형 + 사각형 + 원

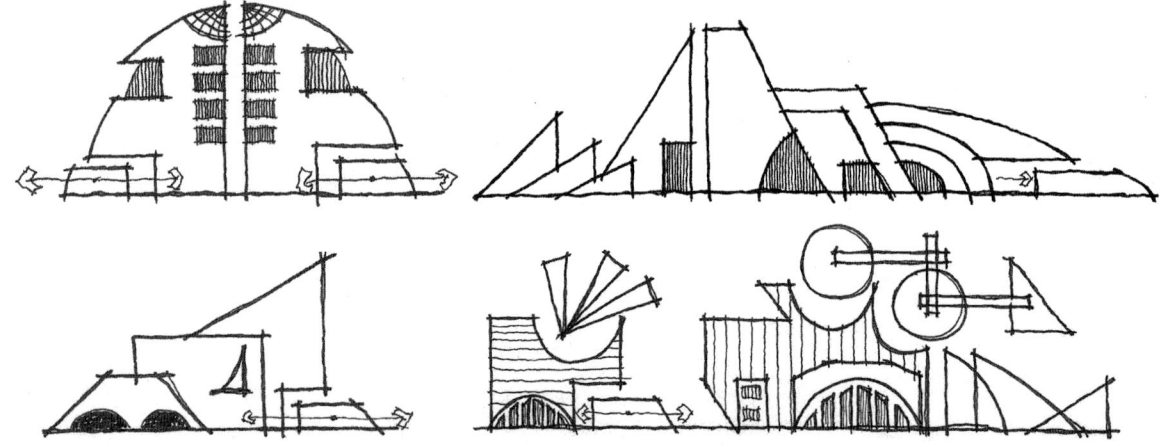

- 이질형의 공제
    사각형 - 삼각형, 사각형 - 원, 삼각형 - 원

- 다양한 형태와 강조

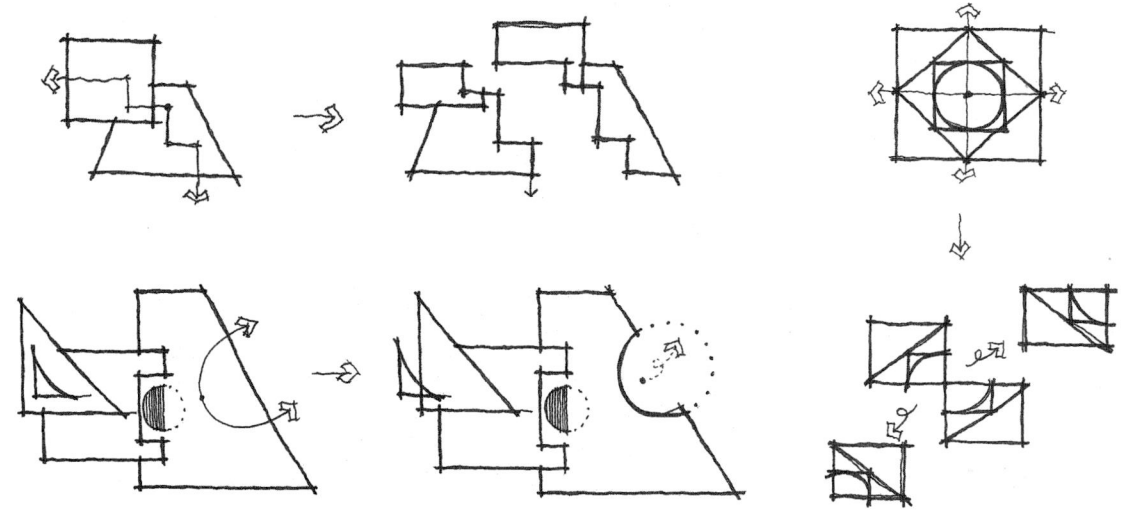

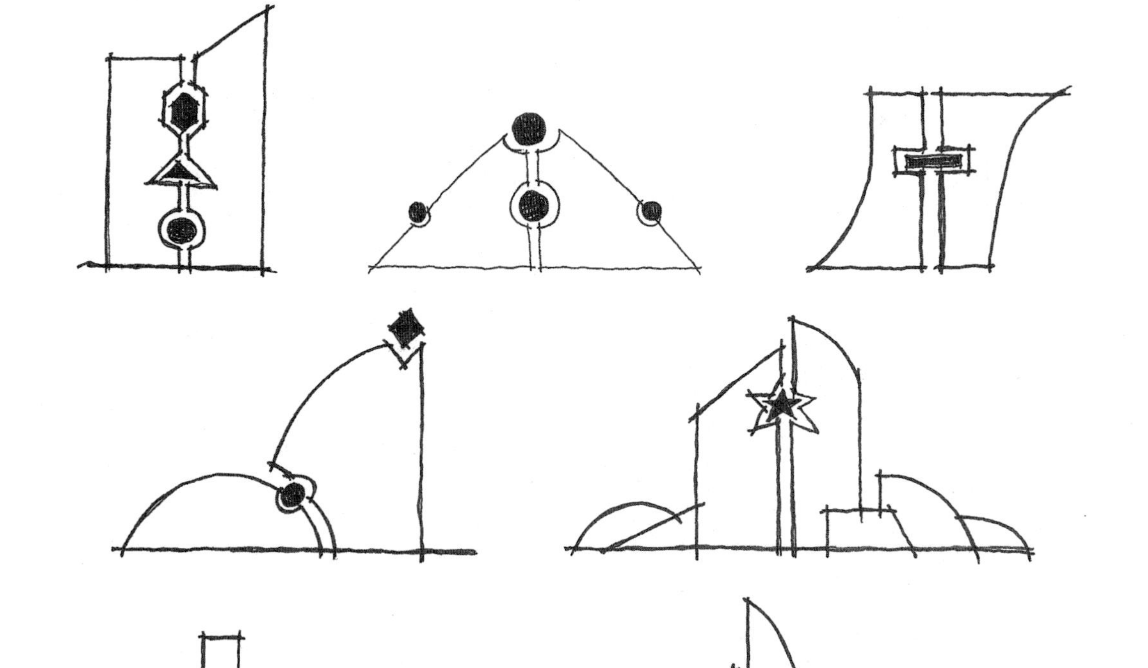

4. 기본 도형 연습 II

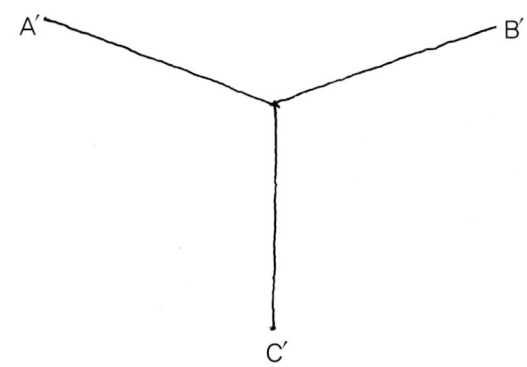

1. C′를 수직으로 그린 후 A′와 B′는 비슷한 각으로 Y자를 형성하면서 그린다.

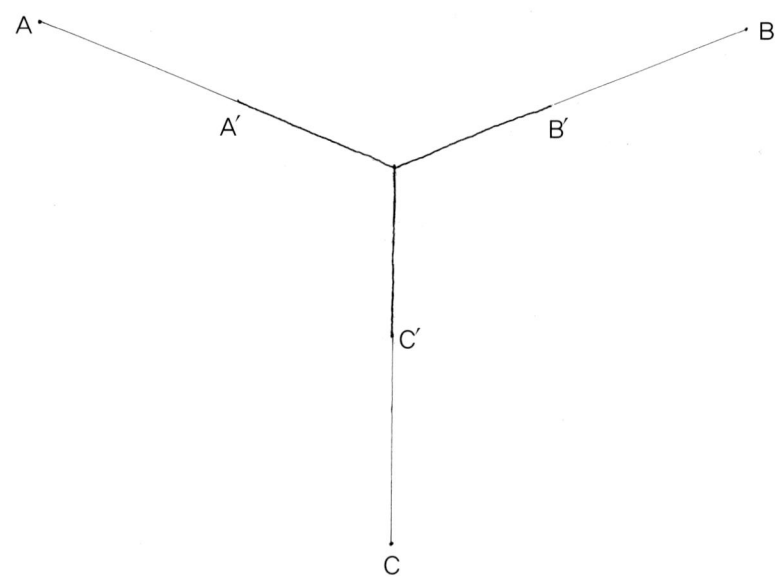

2. A′, B′, C′의 연장선을 그은 후 A, B, C 점을 기준점으로 정한다.

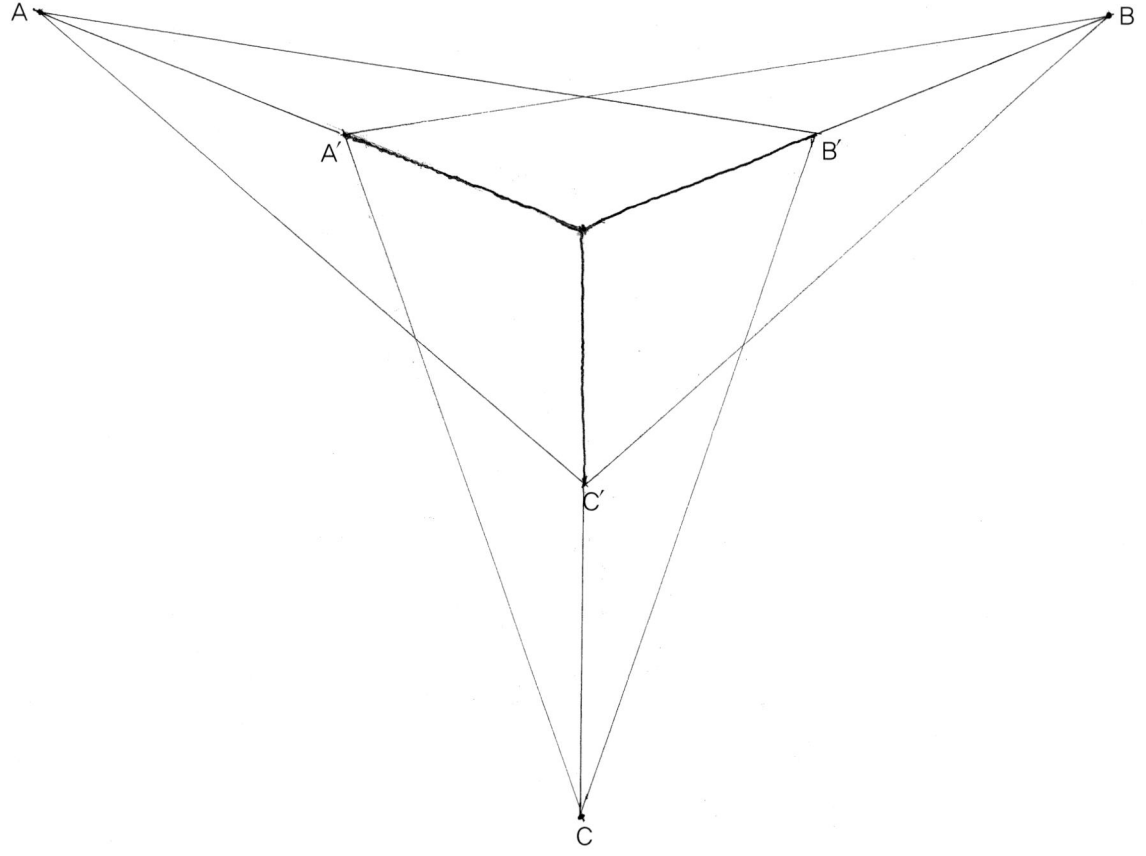

3. A´와B, C´와B / B´와A, C´와A를 연결한 후 A´와C, B´와C를 연결한다.

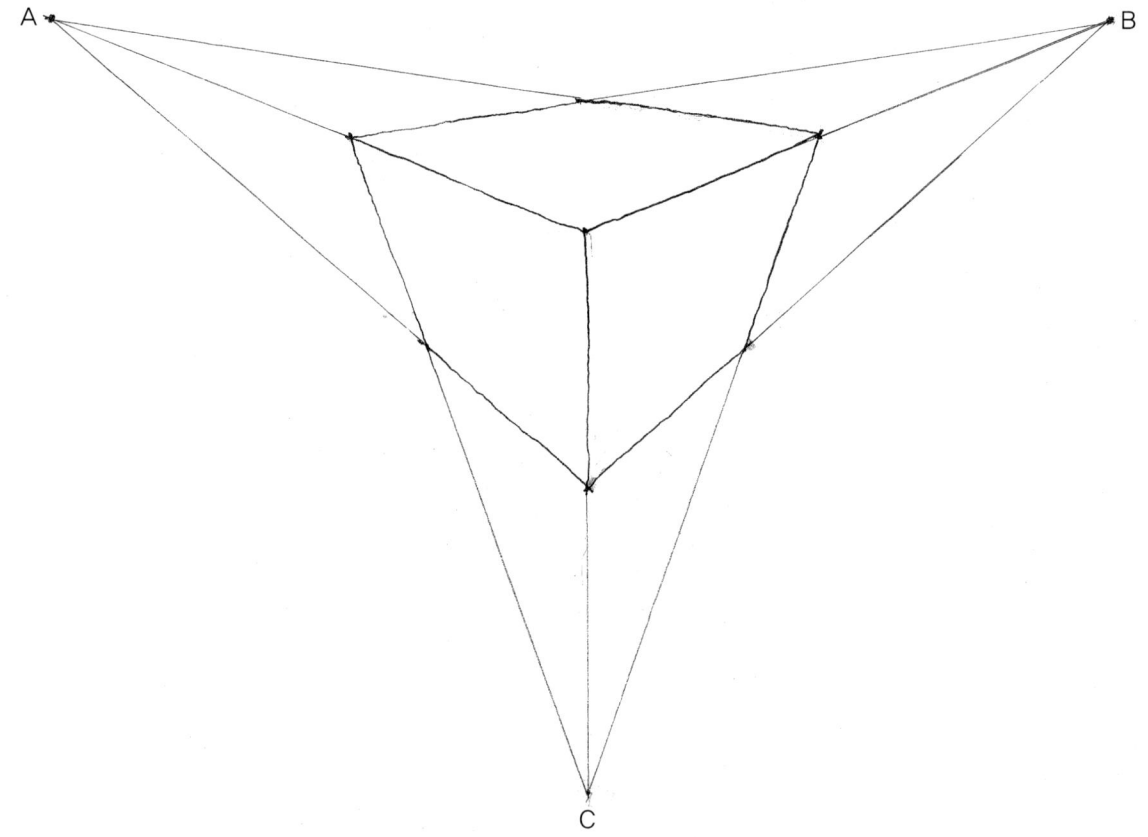

4. 모든 가이드라인을 기준으로 하는 기본 육면체를 굵은 선으로 그린다.

- 눈높이와 1점투시

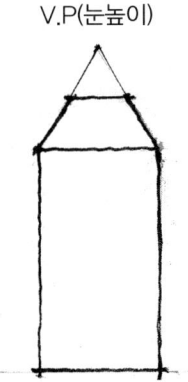

하나의 점을 기준으로 하며, 소점(눈높이, Vanishing Point)이
도형위에 위치할 경우 도형의 윗면이 보인다.

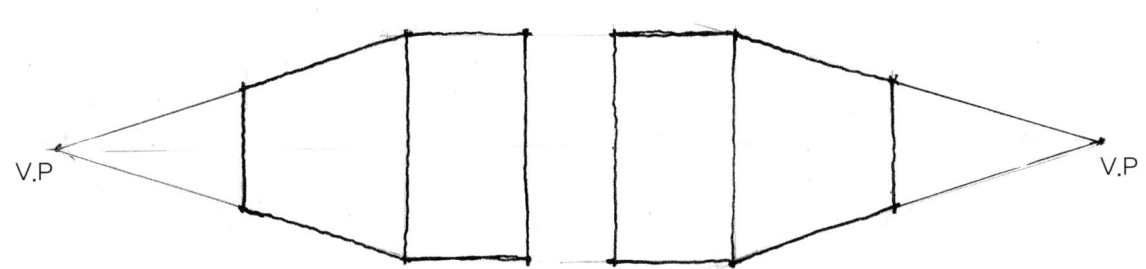

소점이 도형의 중앙높이에 위치할 경우 도형의 위·아래 면이 보이지 않는다.

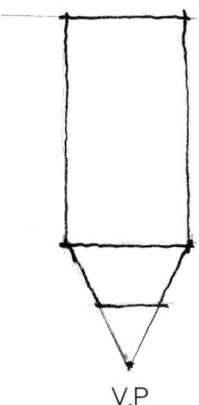

소점이 도형의 아래에
위치할 경우 도형의 아래 면이 보인다.

– 눈높이와 2점투시

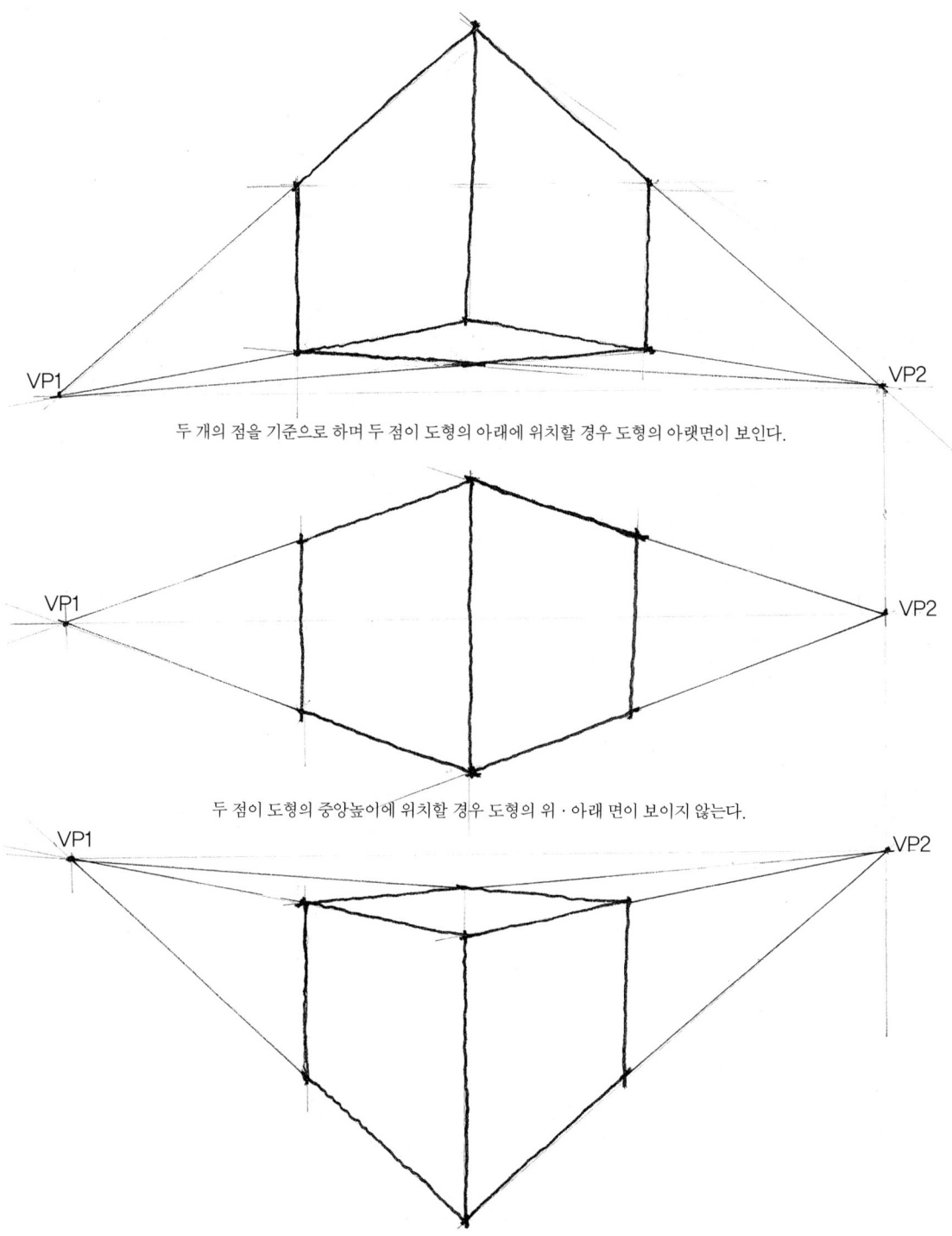

두 개의 점을 기준으로 하며 두 점이 도형의 아래에 위치할 경우 도형의 아랫면이 보인다.

두 점이 도형의 중앙높이에 위치할 경우 도형의 위·아래 면이 보이지 않는다.

두 점이 도형의 위에 위치할 경우 도형의 윗면이 보인다.

- 눈높이와 3점투시

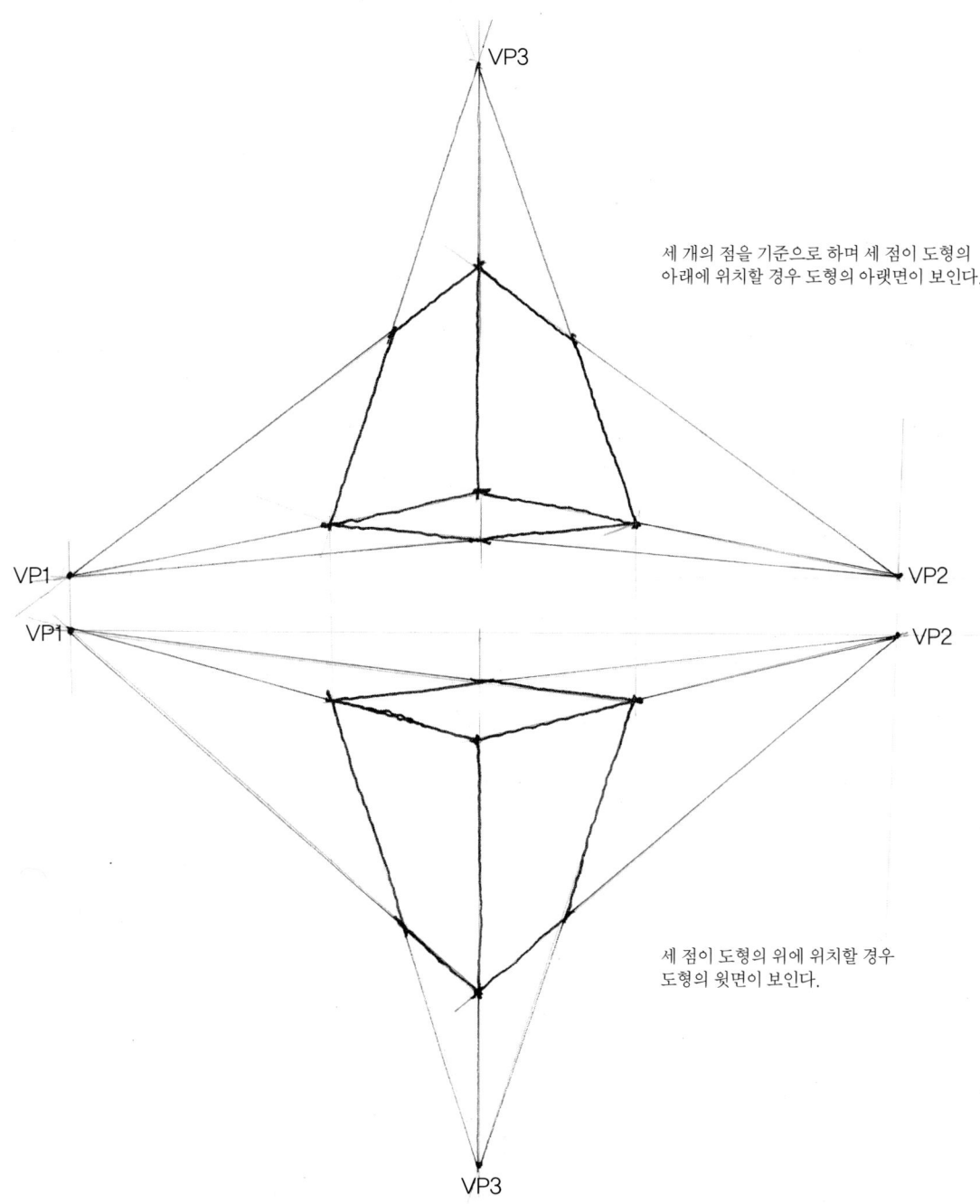

세 개의 점을 기준으로 하며 세 점이 도형의
아래에 위치할 경우 도형의 아랫면이 보인다.

세 점이 도형의 위에 위치할 경우
도형의 윗면이 보인다.

5. 기본 도형 연습 Ⅲ

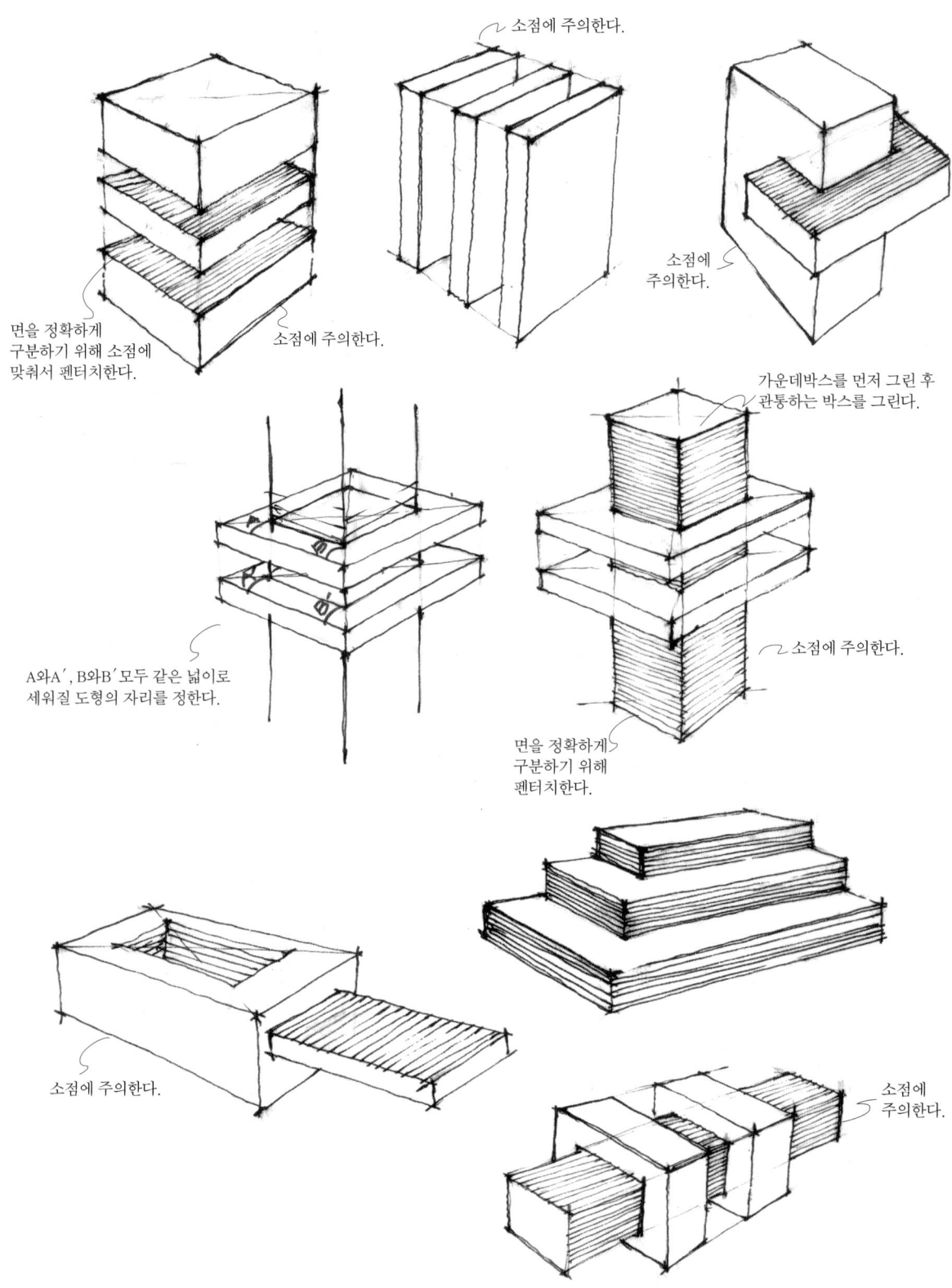

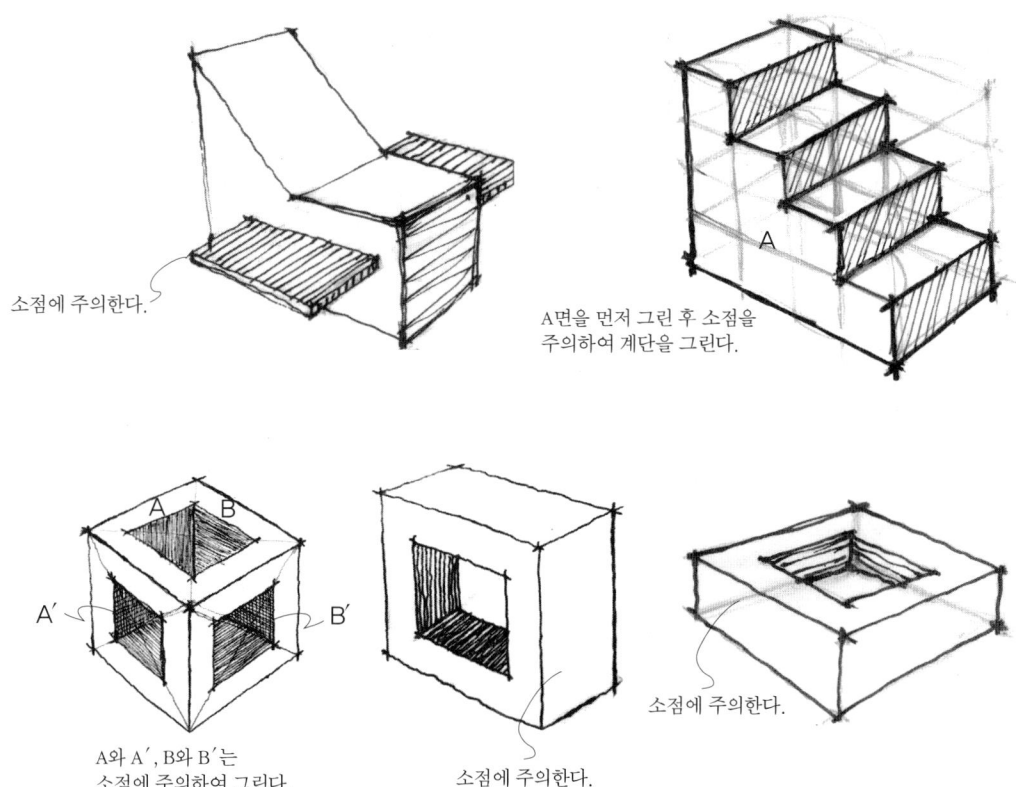

소점에 주의한다.

A면을 먼저 그린 후 소점을 주의하여 계단을 그린다.

A와 A´, B와 B´는 소점에 주의하여 그린다.

소점에 주의한다.

소점에 주의한다.

도형의 3등분을 이용하여 그린다.

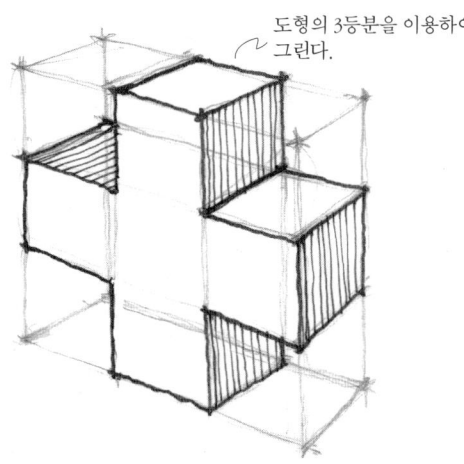
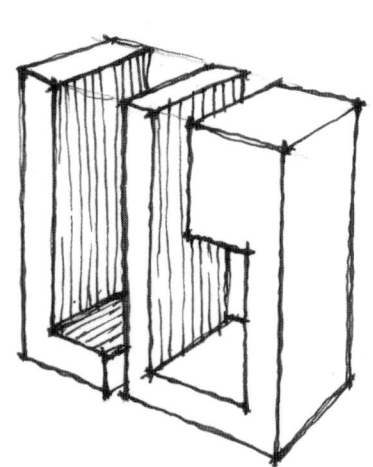

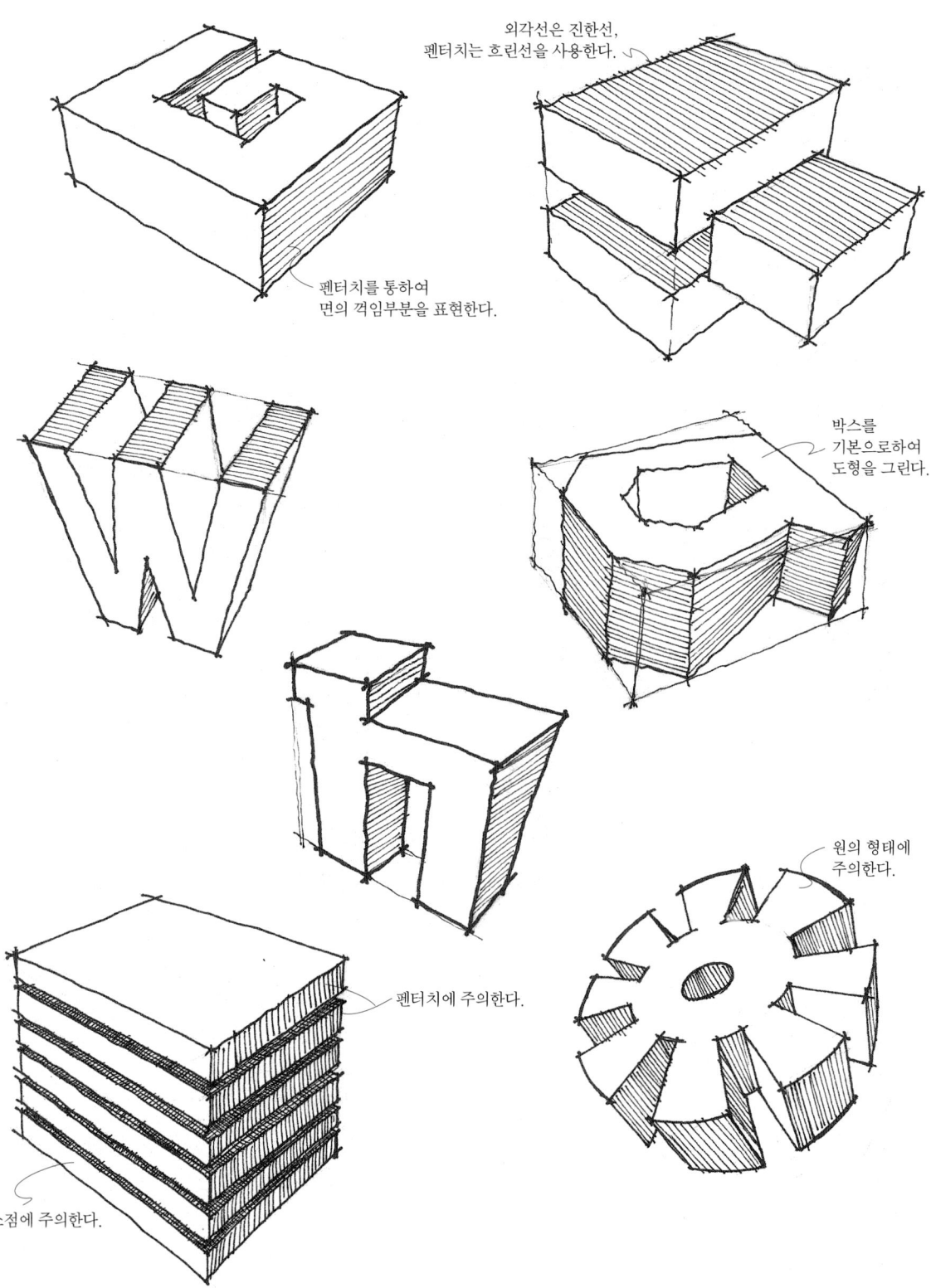

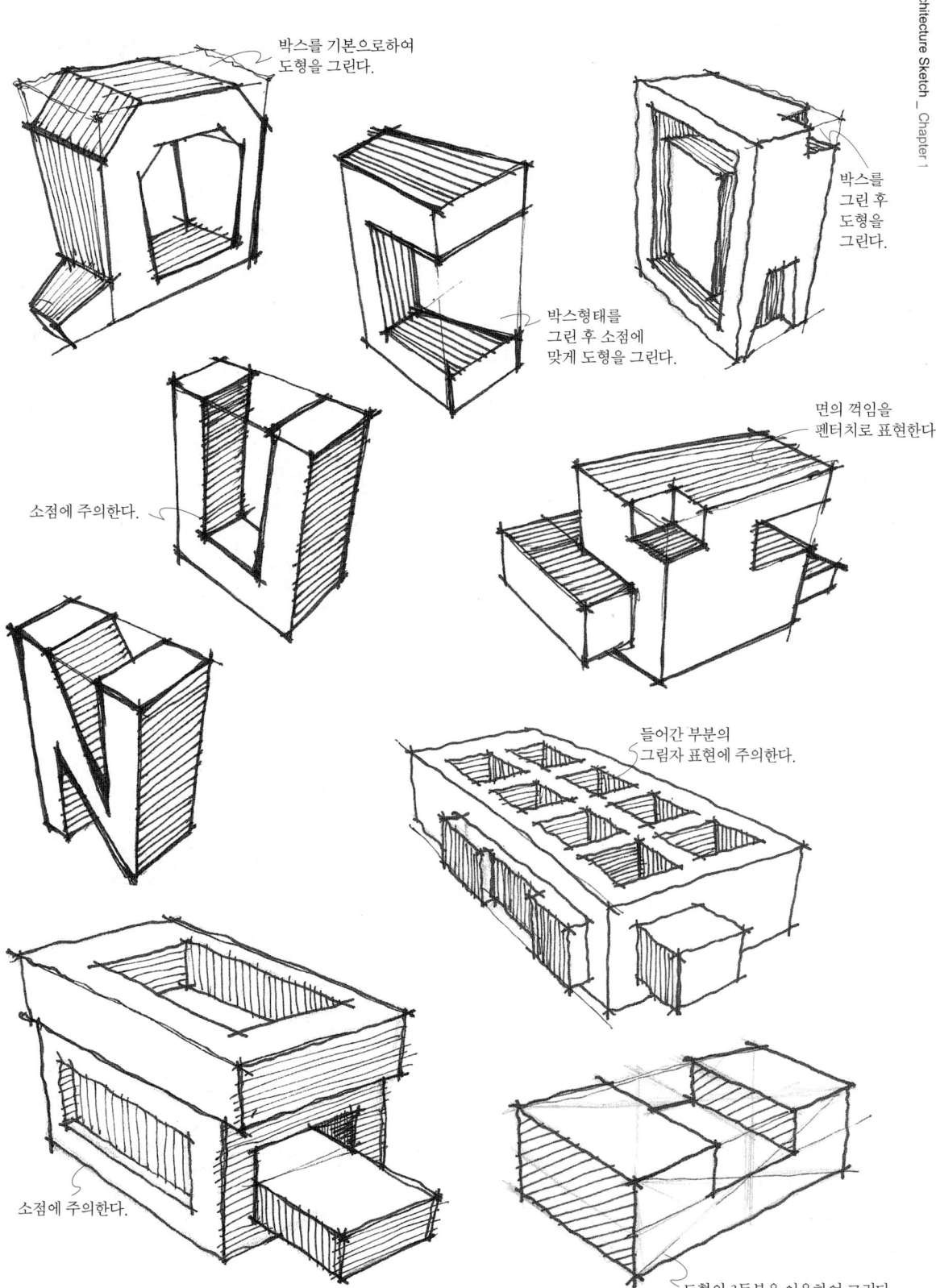

6. 기본 도형 연습 Ⅳ

- 2등분

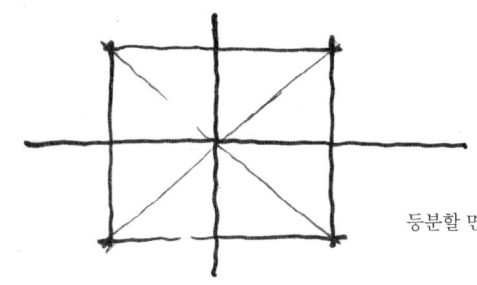

등분할 면에 대각선(X자)을 그은 후 수평, 수직으로 나눈다.

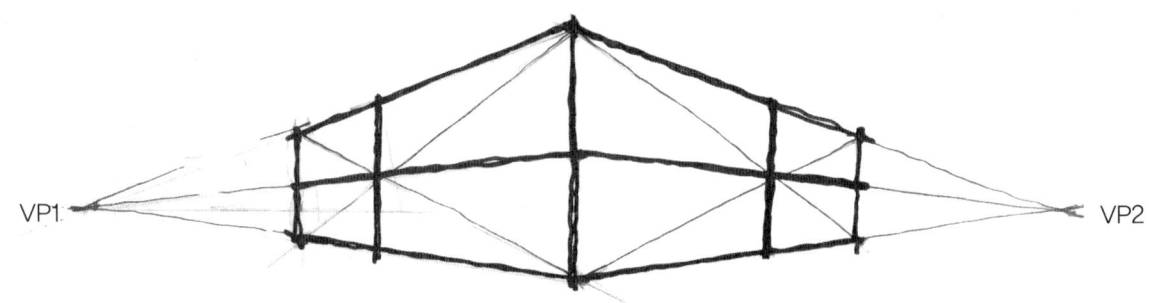

2소점도형을 2등분할 경우
면을 수평방향으로 2등분한다.
2등분된 면의 대각선을 그린 후 그 교점을 수직으로 연결한다.

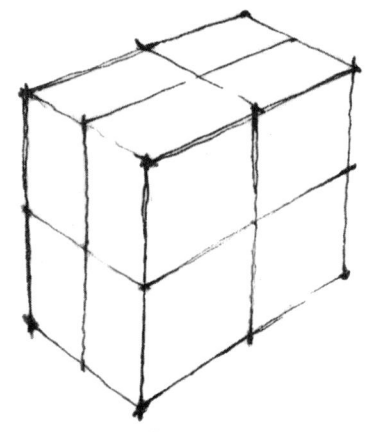

2소점도형을 2등분할 경우
앞의 면을 먼저 수평방향으로 2등분한 후 대각선을
그리고 그 교점을 수직으로 연결한다.
옆면과 윗면을 같은 방법으로 2등분한다.

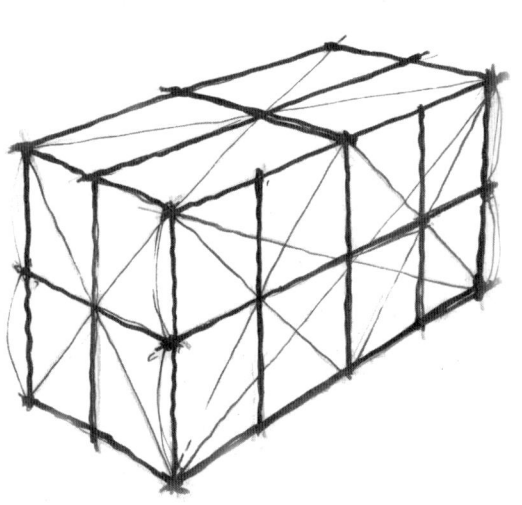

앞의 면을 2등분한 후 다시 2등분 하여 4등분한다.
옆면과 윗면을 같은 방법으로 2등분한다.

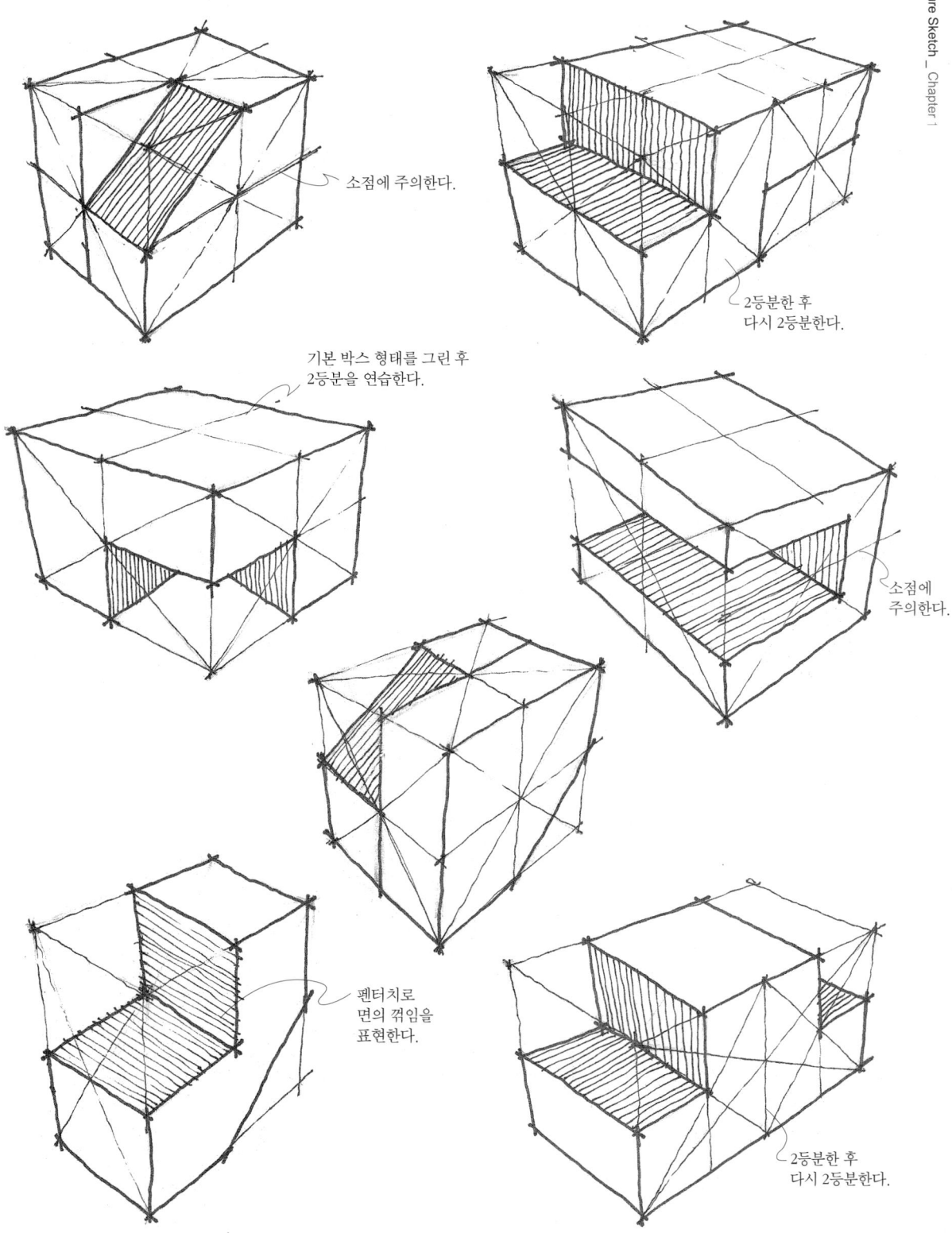

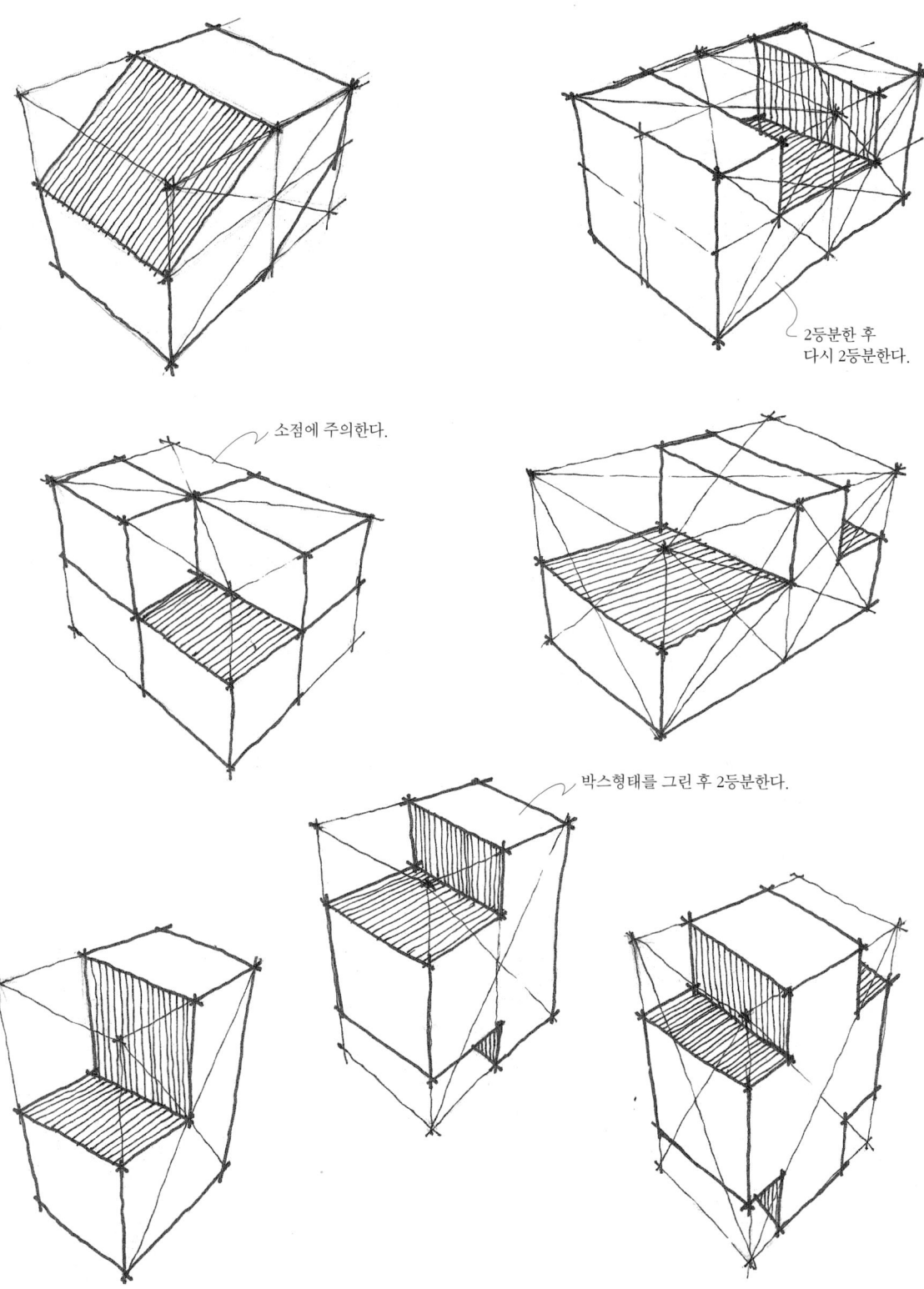

- 3등분

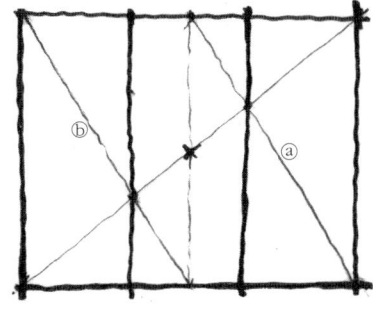

2등분하여 수직으로 연결한다.
2등분된 면의 대각선 ⓐⓑ를 그은 후 처음 대각선과의 교점을 수직으로 연결한다.

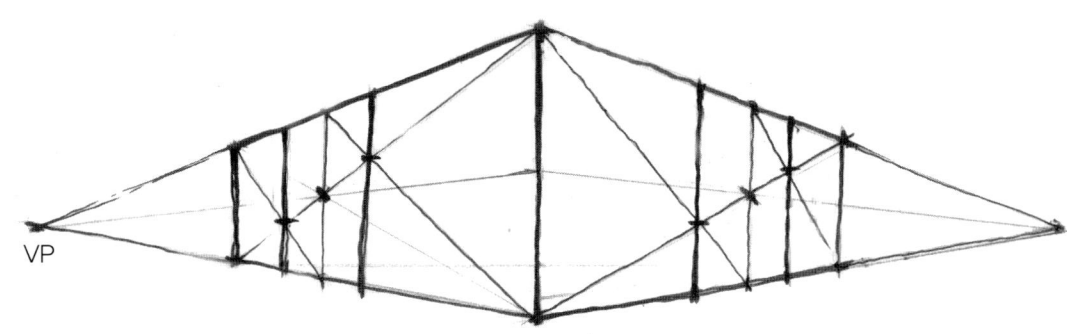

VP

2소점 도형을 3등분할 경우
면을 2등분하여 수직으로 연결한 후 등분된 두면에 대각선을 그은 후 그 교점을 수직으로 연결한다.

앞의 면을 3등분한 후 옆면과 윗면을
같은 방법으로 3등분한다.

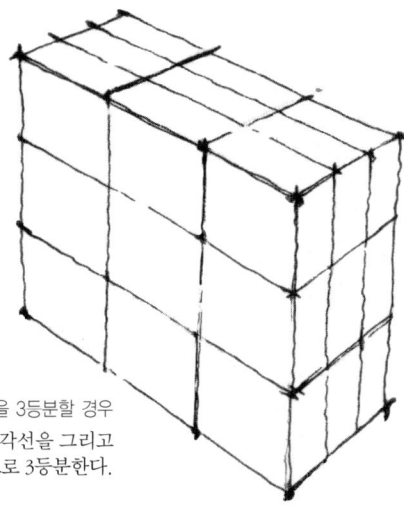

2소점 도형을 3등분할 경우
앞의 면을 먼저 수평방향으로 3등분한 후 대각선을 그리고
그 교점을 수직으로 연결한다. 옆면과 윗면을 같은 방법으로 3등분한다.

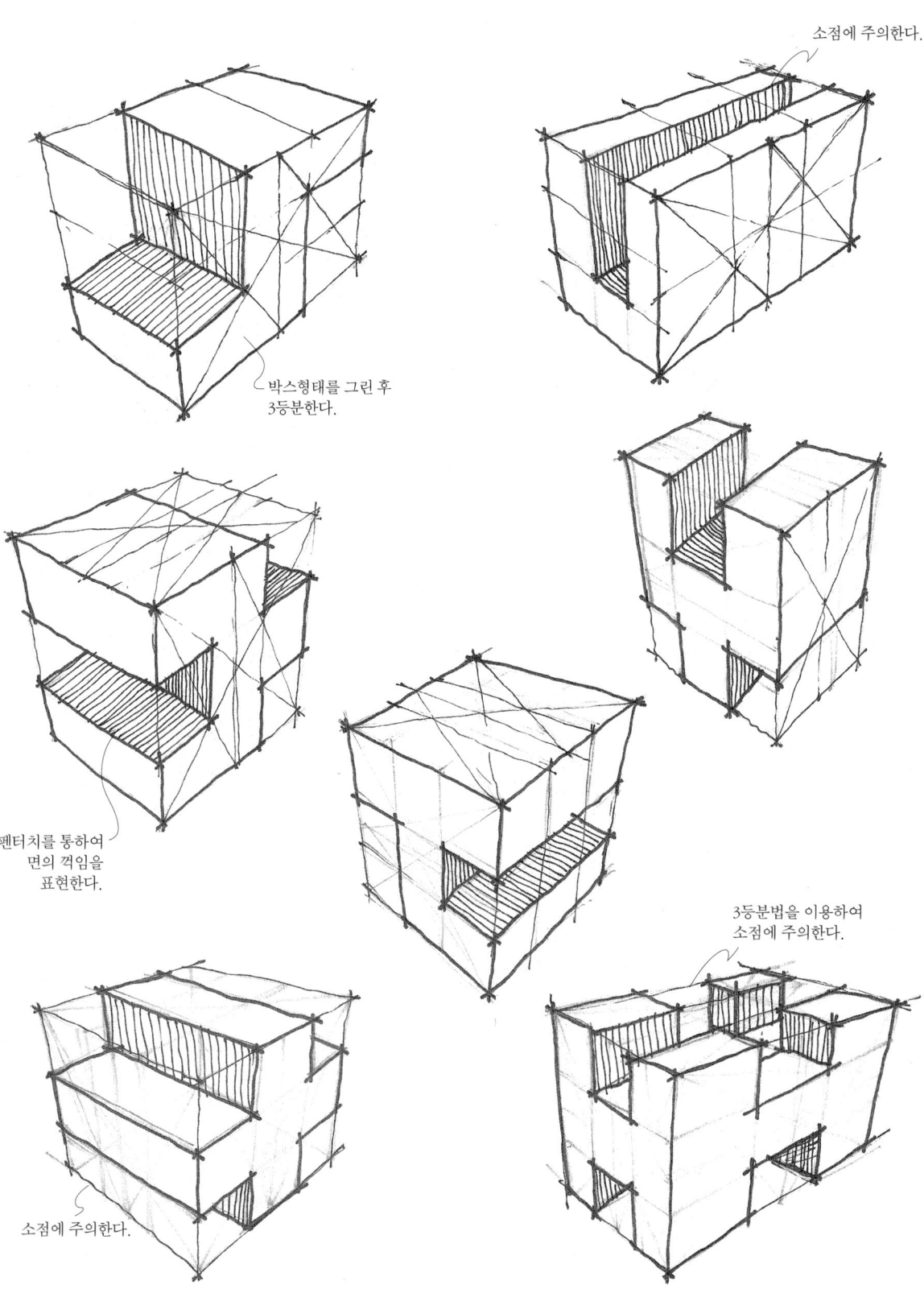

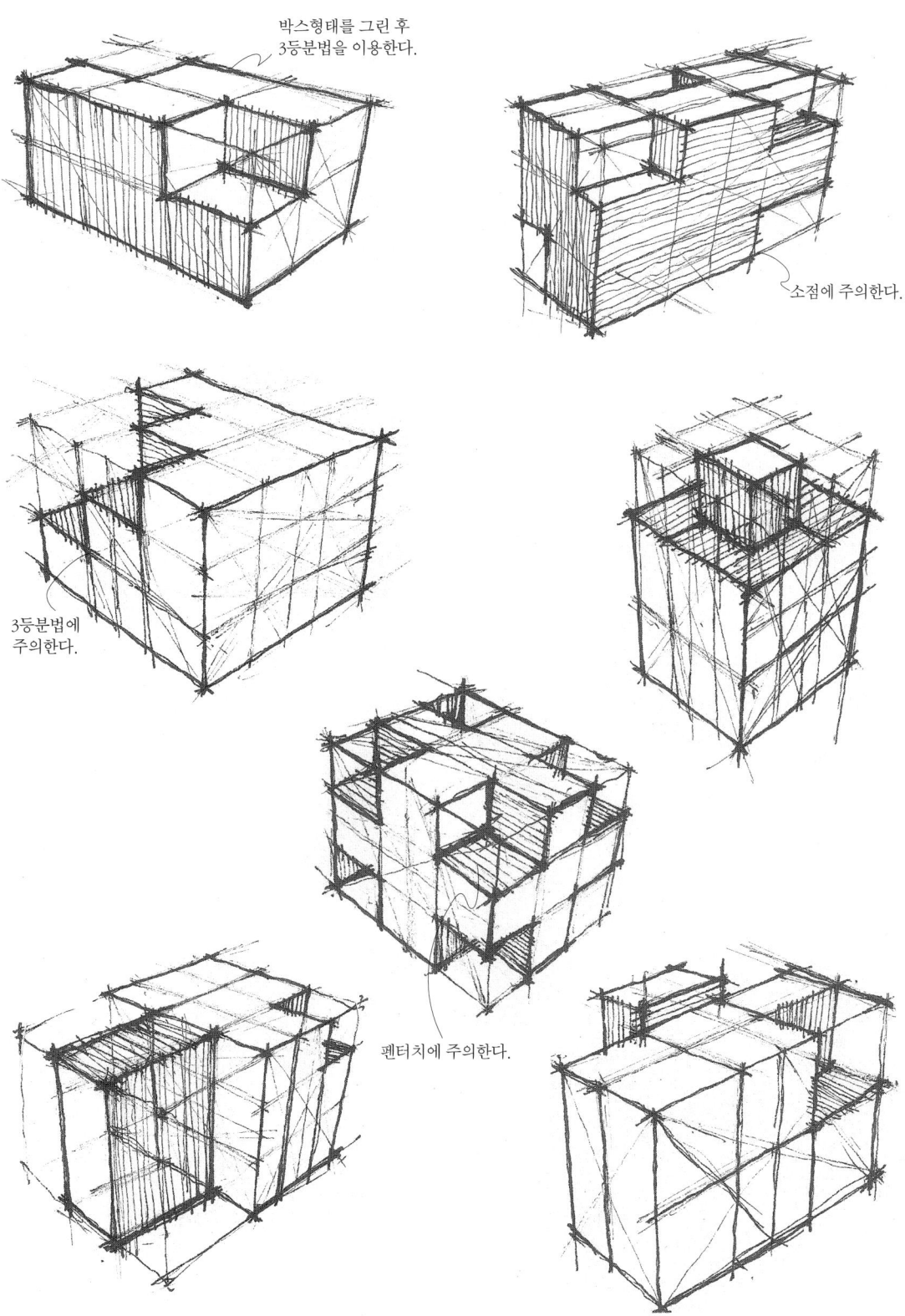

- 원 그리기
  - 정사각형의 꼭지점을 대각선으로 연결한다.
  - 수평·수직선이 중점을 지난다.
  - 4점을 연결하여 원을 그린다.

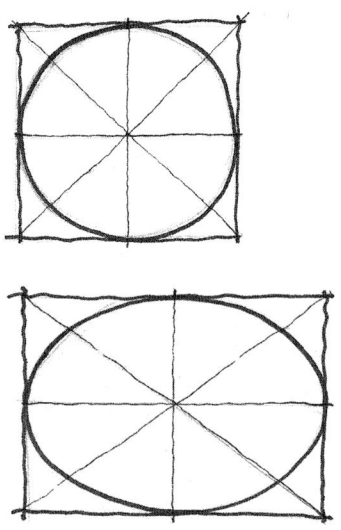

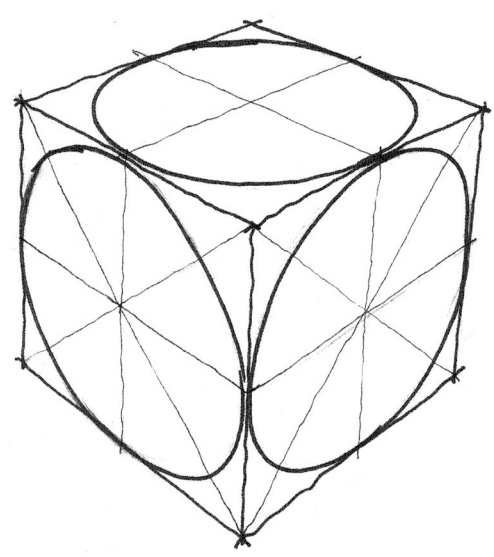

육면체에 평면과 같은 방법으로 원을 그린다.

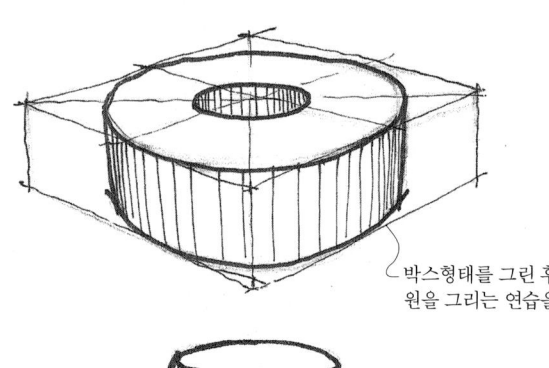

박스형태를 그린 후 원을 그리는 연습을 한다.

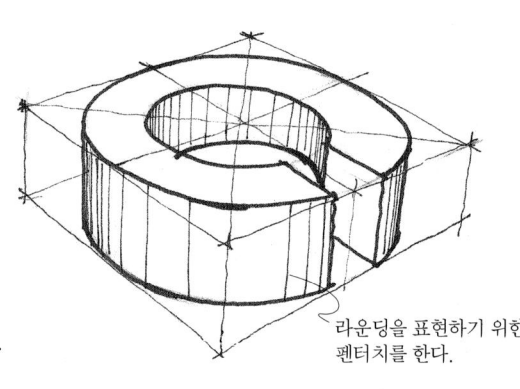

라운딩을 표현하기 위한 펜터치를 한다.

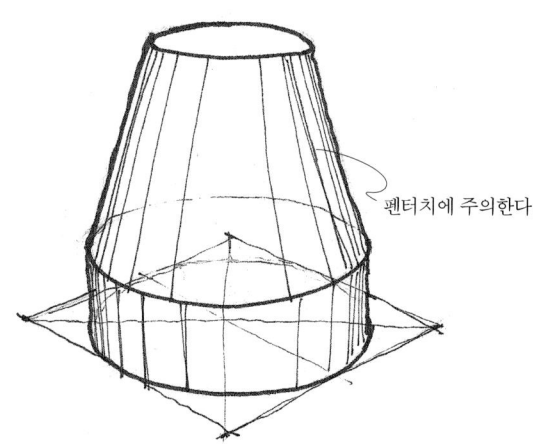

펜터치에 주의한다.

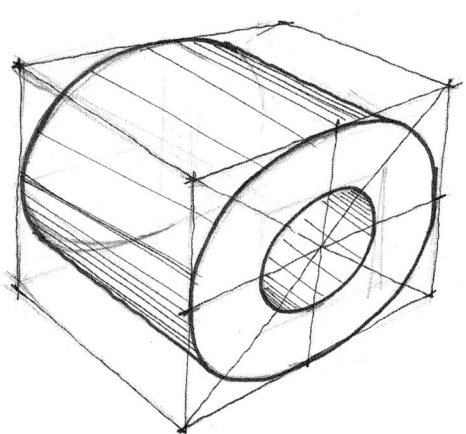

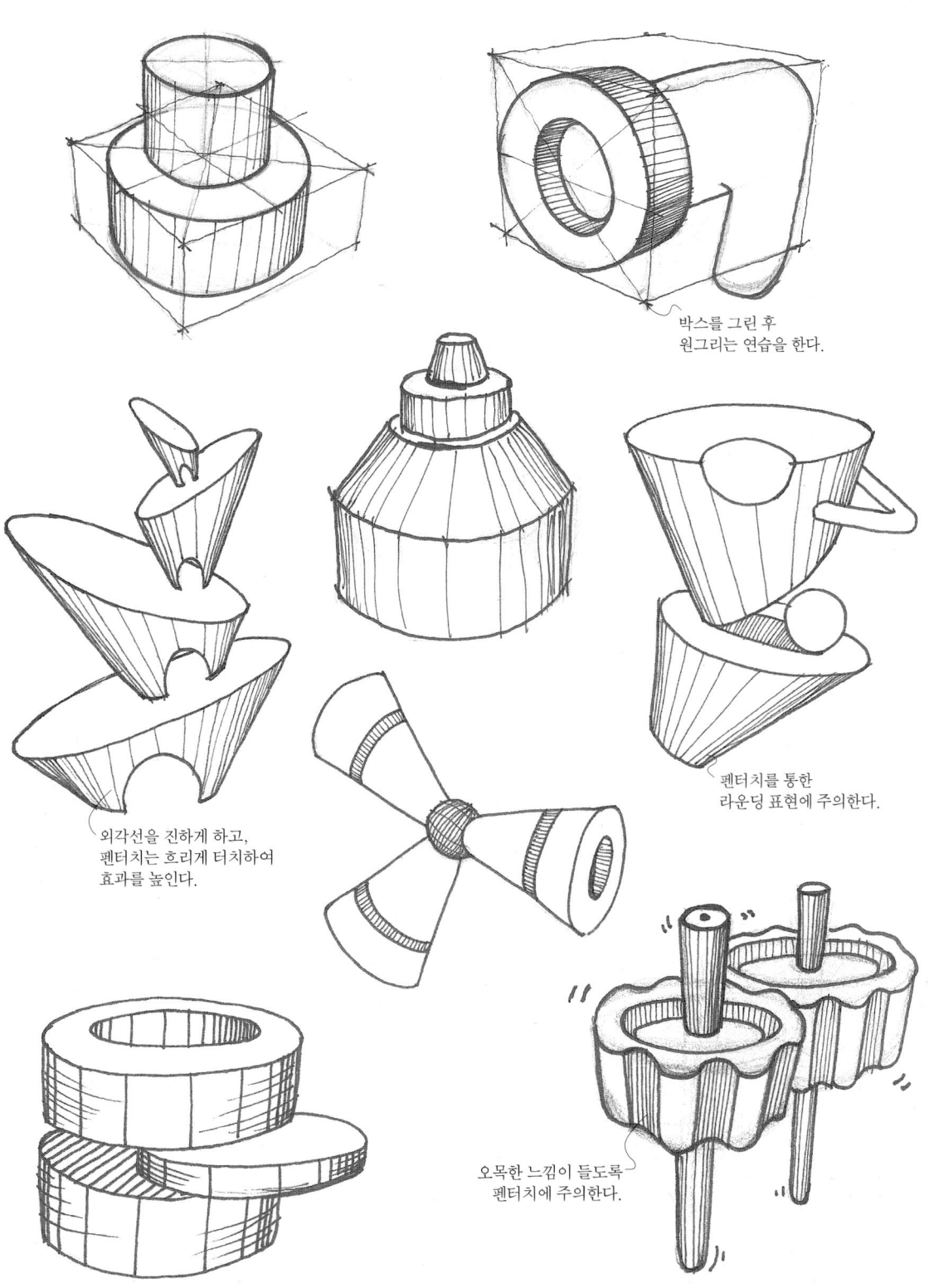

- 인물 그리기
  - 인물의 비례를 고려하여 움직이는 여러 동작의 형태를 이해한다.
  - 공간 스케일의 이해를 돕고, 공간의 생동감을 부여하기 위해 인물을 표현한다.
  - 두 명 이상을 그릴때는 위치를 다르게 하여 원근감을 나타낸다.

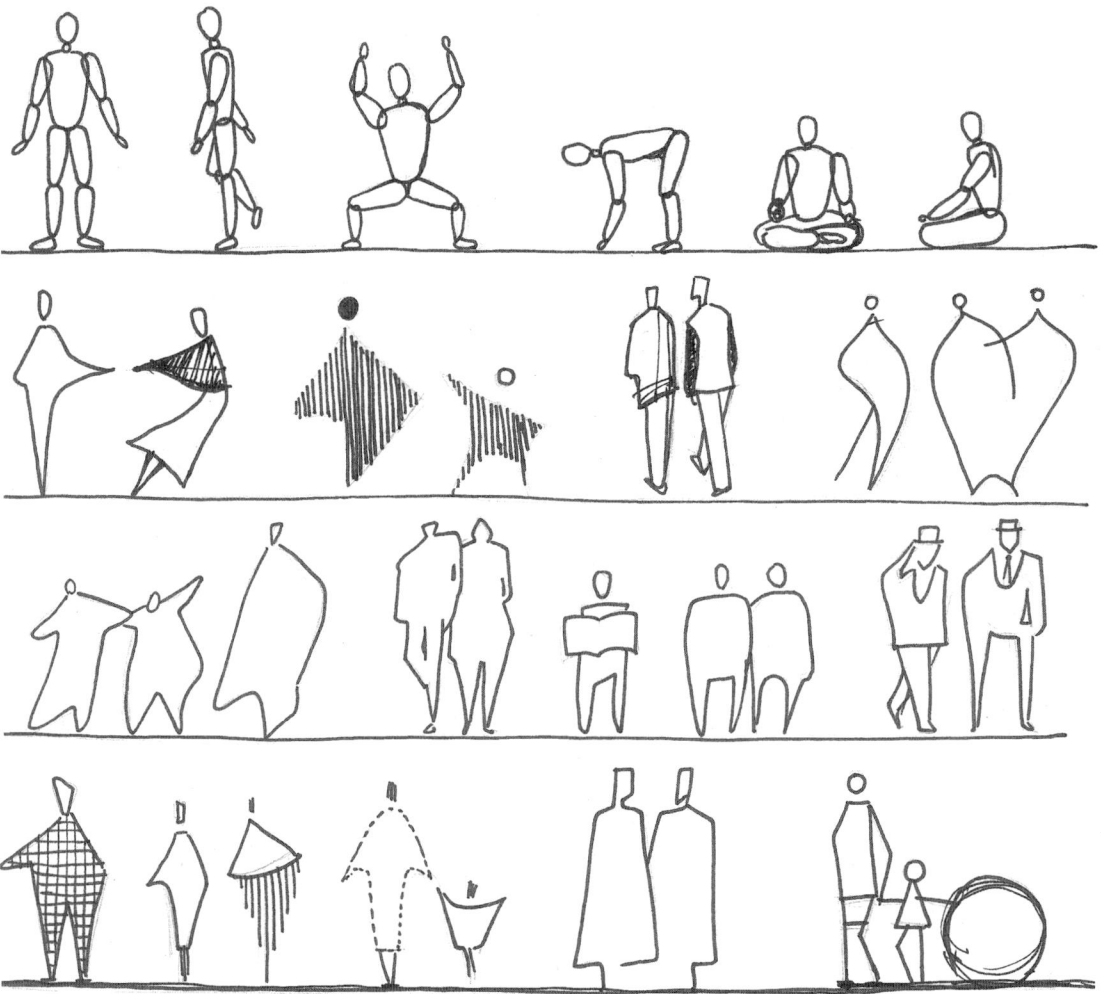

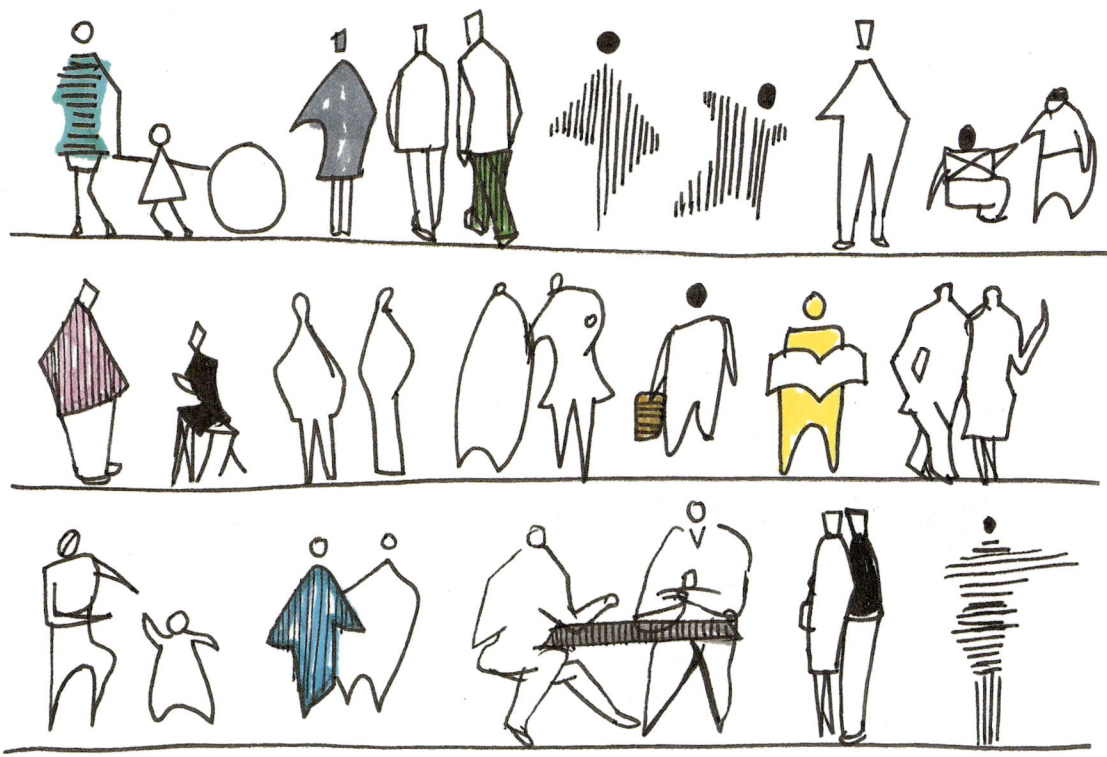

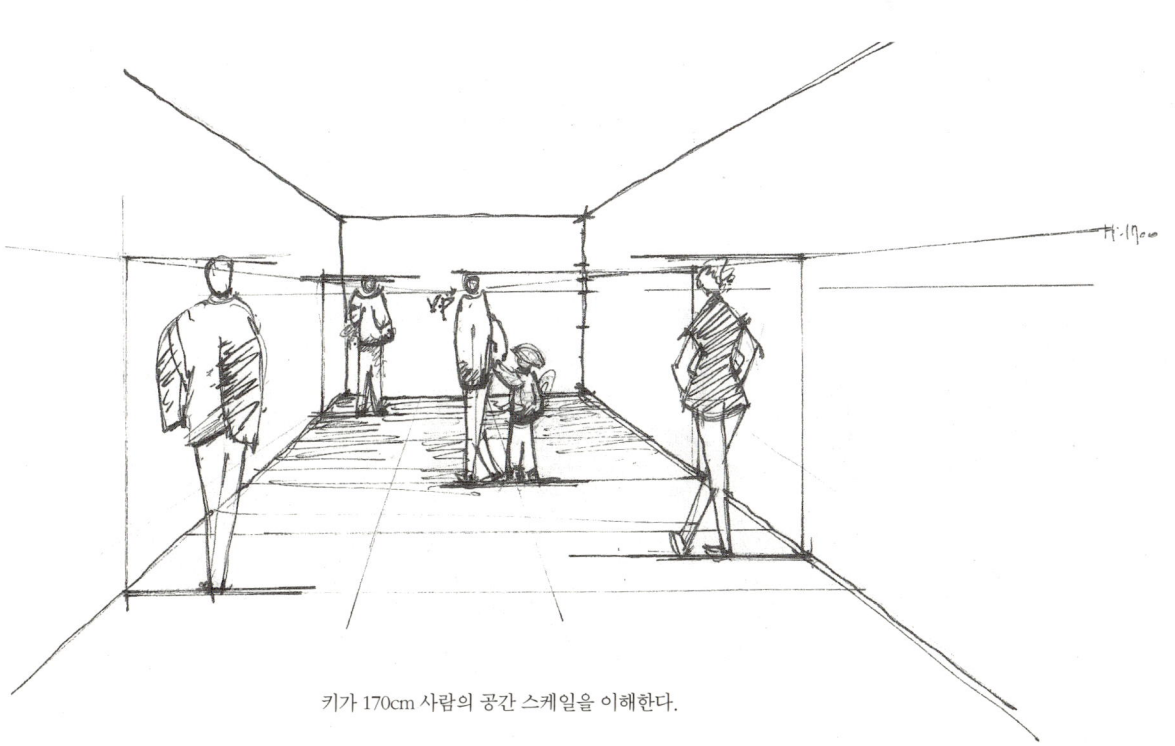

키가 170cm 사람의 공간 스케일을 이해한다.

7. 기본 컬러 연습

- 마카팁(마카끝에 색이 나오는 곳)의 모양
  - 끝이 넓적한 마커 : 넓은 면적을 빨리 쉽게 칠하거나 그림자를 표현할 때 사용한다.
  - 끝이 가는 마카 : 그림의 섬세한 부분을 표현할 때와 외곽선 부분을 그릴 때 사용한다.
  - 붓 모양의 마카 : 수채화 같은 자연스러움을 표현할 때 사용되며, 스케치 작업에 적당하다. 브러쉬 마카라고도 한다.

펜 사용시 적절하지 못한 그림자 표현법이다.

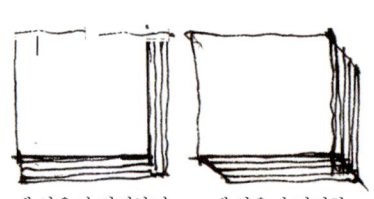
펜 사용시 적절한 그림자 표현법이다.

마카 사용시 적절하지 못한 그림자 표현법이다.

마카 사용시 적절한 그림자 표현법이다.

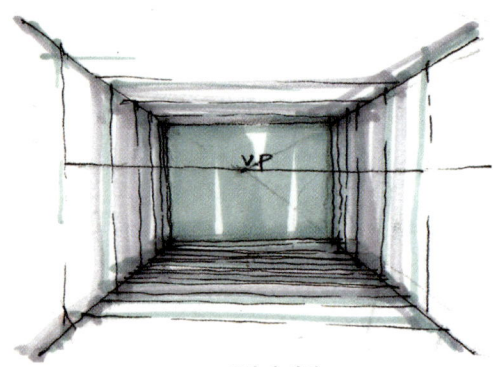
V.P 중앙에 위치

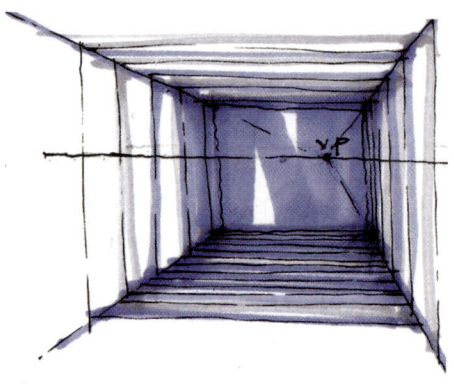
V.P 오른쪽에 위치

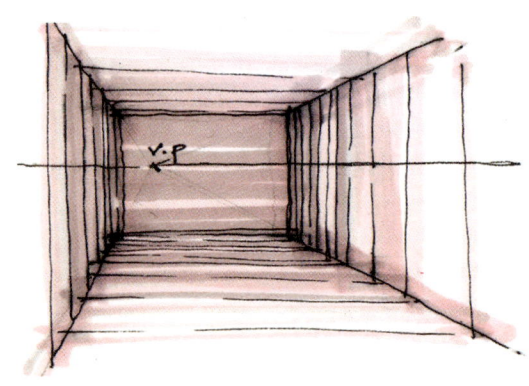
V.P 왼쪽에 위치

- 마카사용법

마카의 굵은 팁

마카의 가는 팁

마카팁의 굵기를 일정하게 사용한다.
자연스럽게 겹쳐서 사용가능하다.

마카팁을 흘날리며 사용하면 안된다.
마카팁의 굵기를 불규칙하게 사용하면 안된다.

외곽선을 먼저 컬러링한다.   내부를 자연스럽게 컬러링한다.

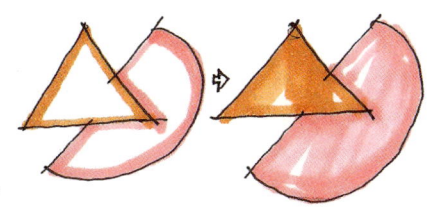

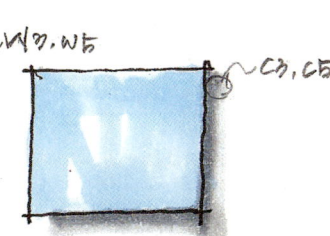

난색 계통의 색은
Warm Gray로
그림자 처리한다.

한색 계통의 색은
Cool Gray로
그림자 처리한다.

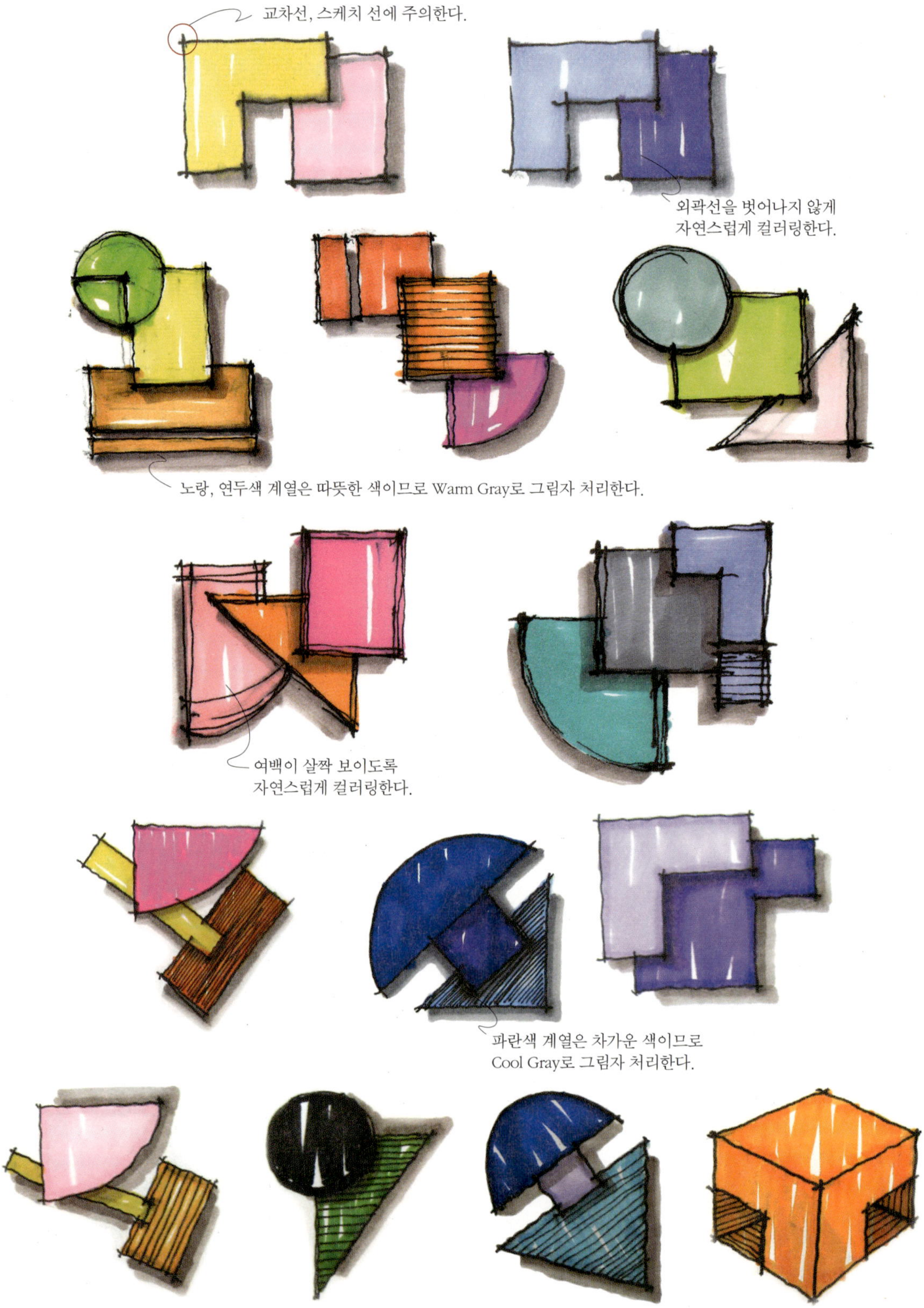

교차선, 스케치 선에 주의한다.

외곽선을 벗어나지 않게
자연스럽게 컬러링한다.

노랑, 연두색 계열은 따뜻한 색이므로 Warm Gray로 그림자 처리한다.

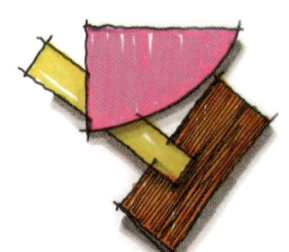

여백이 살짝 보이도록
자연스럽게 컬러링한다.

파란색 계열은 차가운 색이므로
Cool Gray로 그림자 처리한다.

- 마카 드로잉
  인테리어나 건축 등 단시간의 스케치 표현에 적당하며, 밝은 색부터 터치한다.

여백이 생기도록 자연스럽게 컬러링한다.

Gray Color로 그림자 처리한다.

간략하게 터치한 후 그림자 처리로 마무리한다.

수목은 그린 계열의 컬러를 이용하여 터치하듯 컬러링한다.

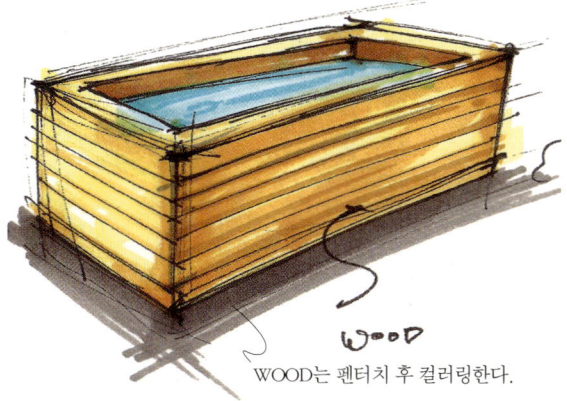

WOOD는 펜터치 후 컬러링한다.

- 연필 드로잉
 부드럽고 섬세한 표현에 적당하며, 연필만을 이용한 스케치 작업시 그림자 표현이 중요하다.

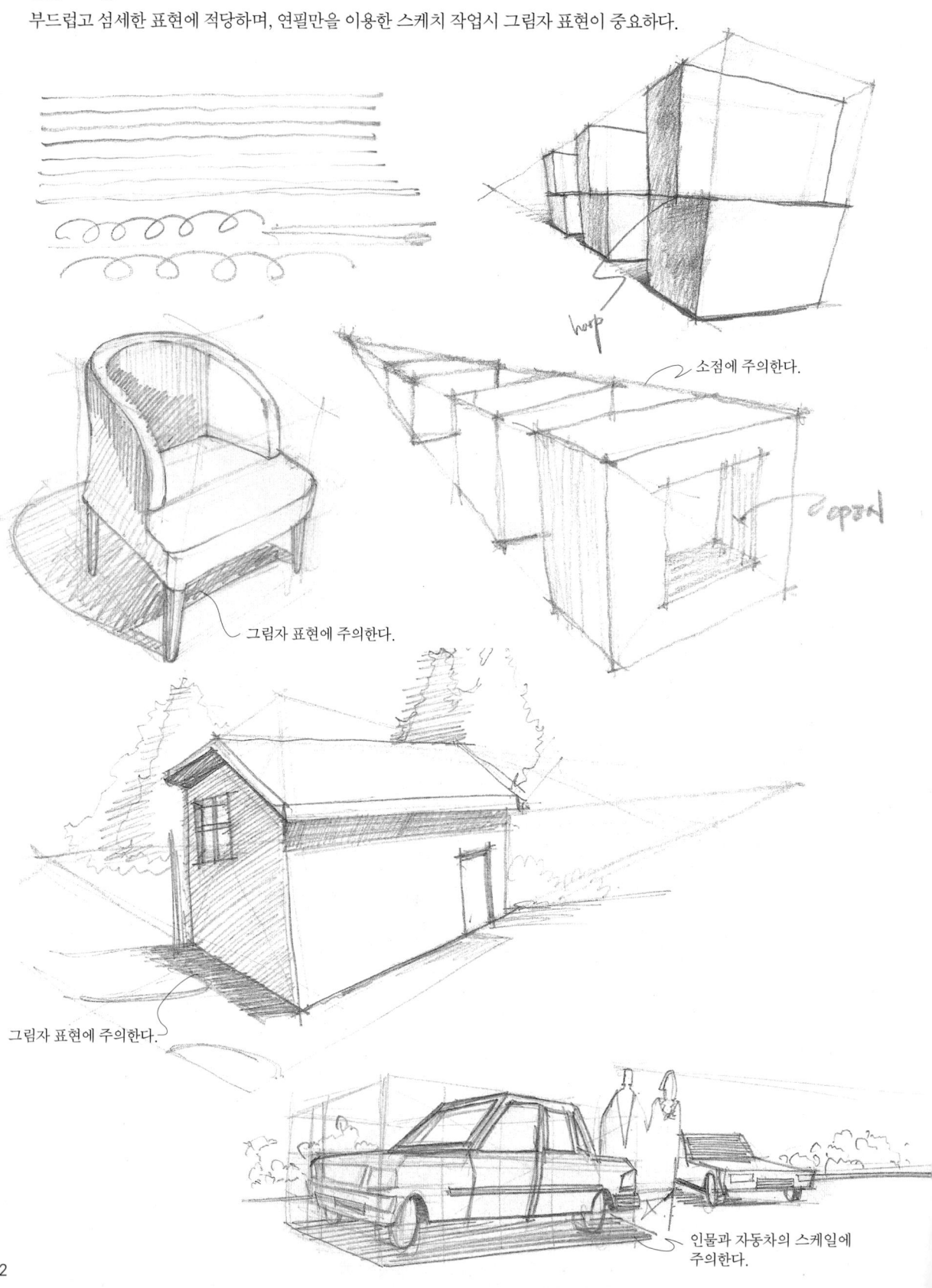

- 굵은 펜(pen) 드로잉
  굵은 펜은 섬세한 표현으로는 부적합하지만, 러프하고 빠른 스케치에 많이 사용된다.

그림자에 주의한다.

굵은 펜은 러프 스케치를 표현하기에 적합하다.

- 가는 펜(pen) 드로잉
  섬세한 표현에 가장 적합하며, 가는 펜류와 볼펜과 다양한 컬러의 펜을 사용하여 드로잉한다.

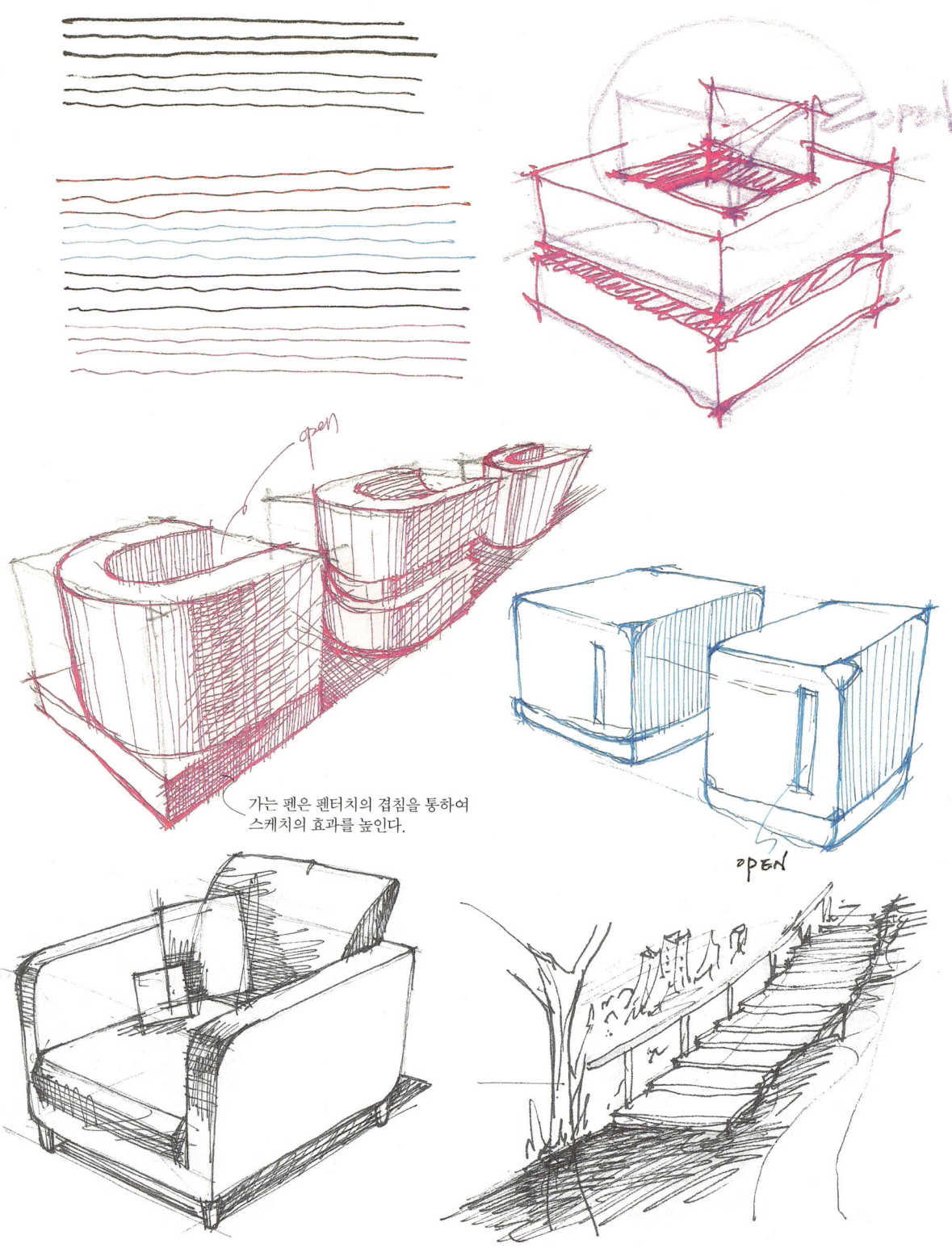

가는 펜은 펜터치의 겹침을 통하여
스케치의 효과를 높인다.

- 색연필 드로잉
  색연필만 독자적으로 사용가능하며, 펜과 마카와 함께 사용할 수도 있다.

8. 표면 재질 표현

- STONE

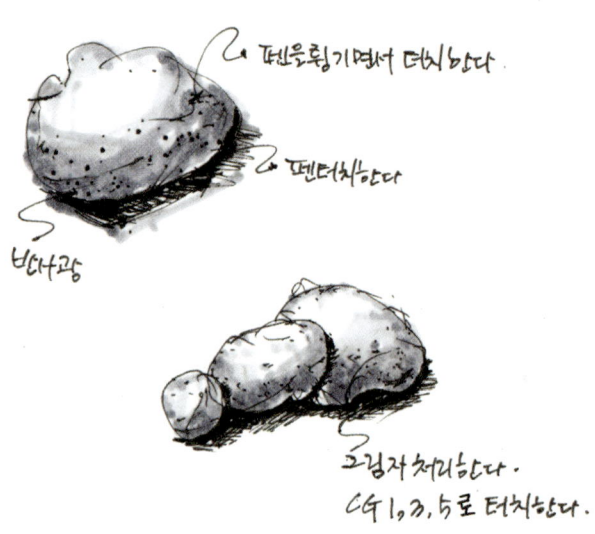

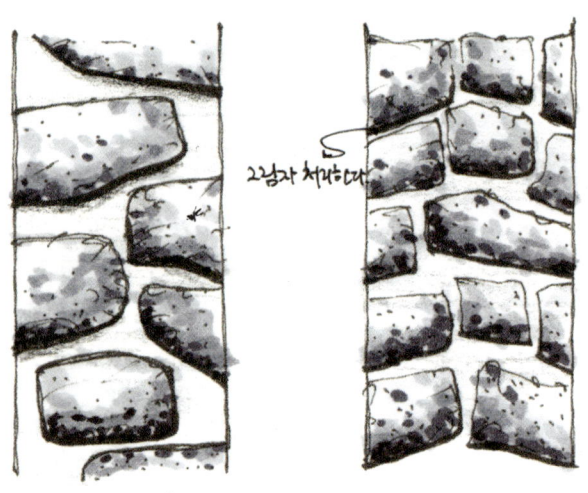

STONE의 차가운 느낌이 표현되도록
Cool Gray를 밝은 색부터 터치한다.

그림자 처리한다.

물 표현은 Cool Gray, Blue Gray,
블루 계통의 컬러를 사용한다.

– WOOD

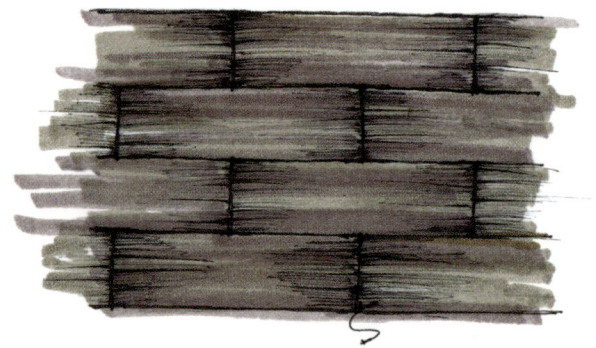

WOOD를 표현하기 위해 펜터치한다.

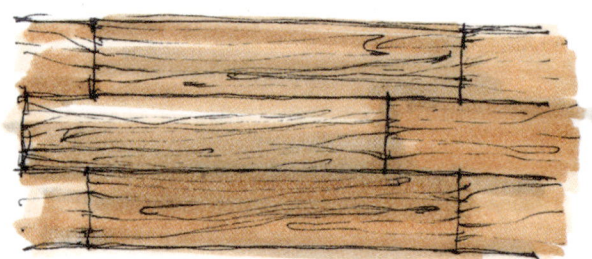

나무결 표현에 주의한다.

그림자 처리에 주의한다.

가는 펜을 이용하여 나무결을 펜터치한다.

Gray color를 이용하여 그림자 처리한다.

- STEEL

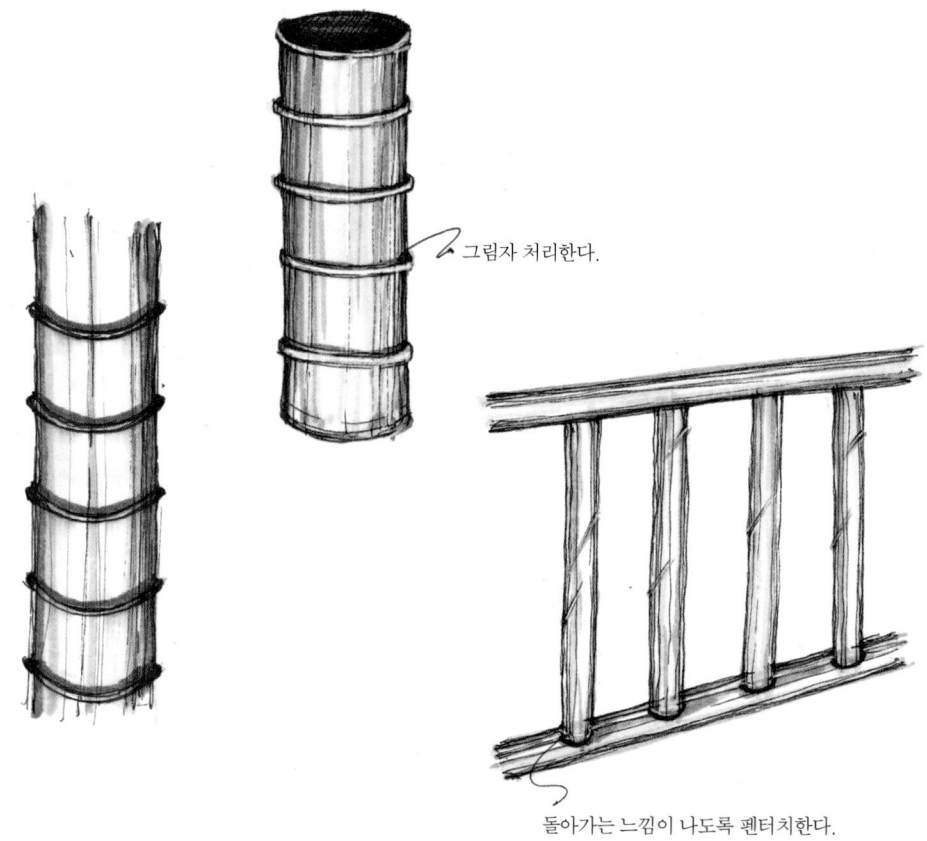

그림자 처리한다.

돌아가는 느낌이 나도록 펜터치한다.

- BLOCK

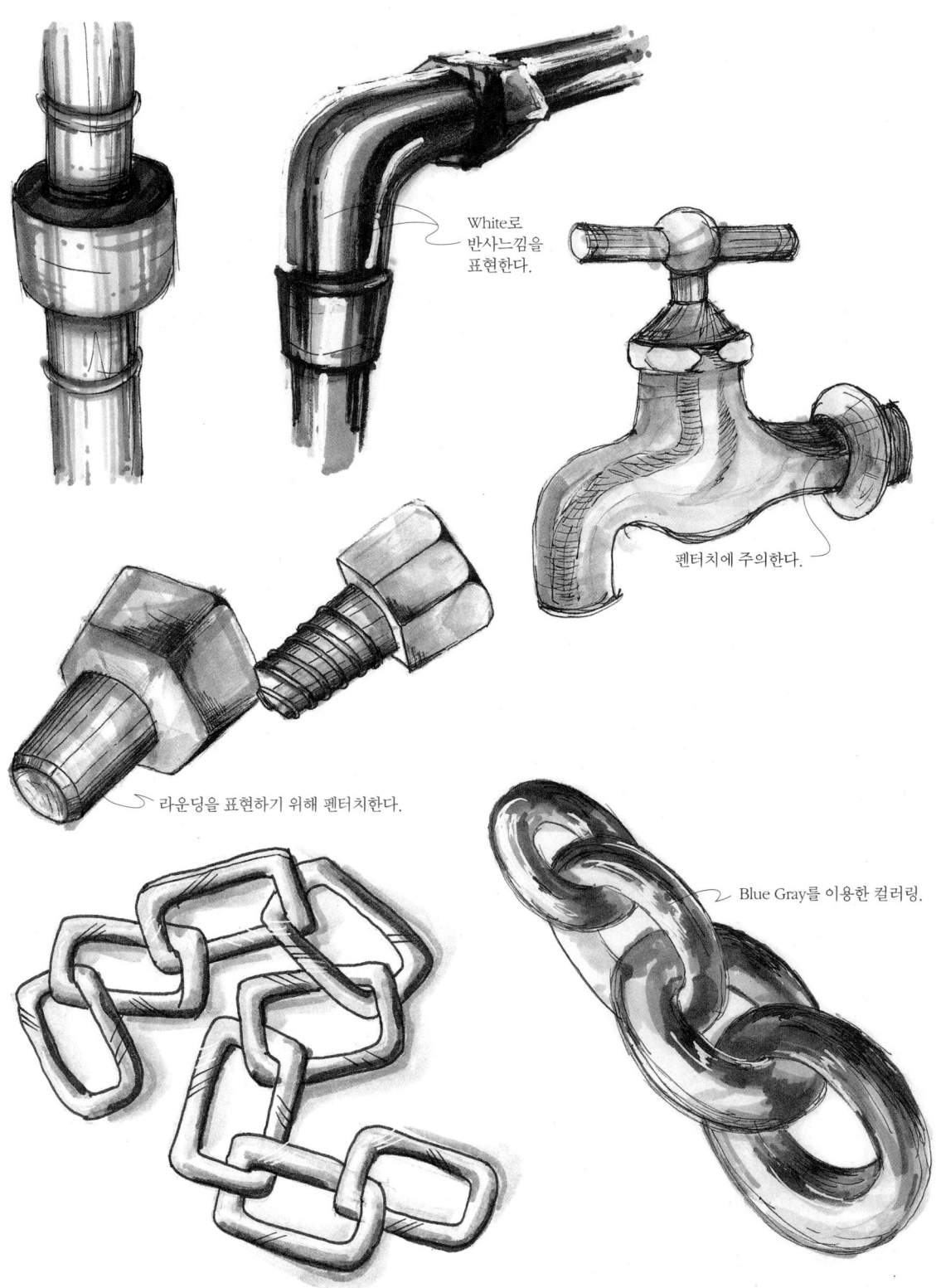

그림자 표현에 주의한다.

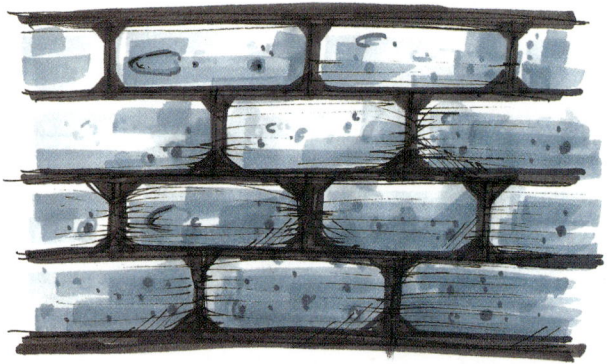

브라운 계열의 컬러 마카를 사용.

Cool Gray를 사용한 컬러링.

브라운 컬러의 마카와 색연필 사용.

붉은 색 컬러의 마카와 색연필 사용.

– FABRIC

잔터치로 질감 표현.

여백을 표현함으로써 풍성한 느낌이 된다.

Special Tip

선 연습

아이디어를 표현하기 위한 필수적인 요소
- 스케치 선(자유로운 요철이 있는 선)을 사용한다.
- 손의 움직임과 그리는 속도가 균일하도록 연속적으로 반복하는 것이 좋다.
- 평행감각과 비례감각이 중요하다.

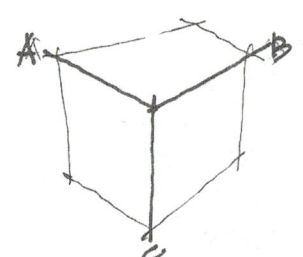

BOX 그리기
C를 수직으로 그린 후 A, B는 비슷한 각으로 Y자를 형성하면서 그린다.

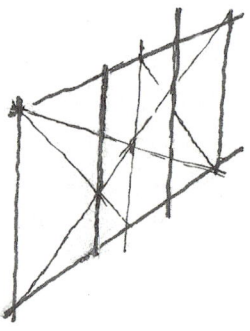

3등분 나누기
2등분 된 면의 대각선을 그린 후 그 교점을 수직으로 연결한다.

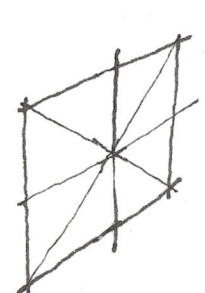

2등분나누기
대각선을 그린 후 교점을 수직으로 연결한다.

인물 그리기
- 인물의 비례를 고려하여 움직이는 동작에 맞게 형태를 이해한다.
- 공간스케일의 이해를 도울 수 있게 인물의 비례를 고려한다.

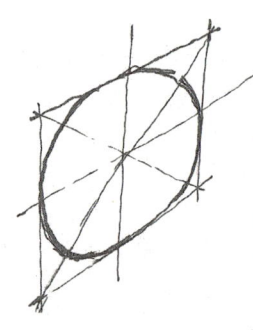

원 그리기
정사각형의 꼭지점을 대각선으로 연결한 후 4점을 연결하여 원을 그린다.

기본 컬러 연습

마카사용법
- 컬러링하기 전에 펜으로 터치한다.
- 외곽선을 먼저 컬러링한 후 내부를 자연스럽게 갈라링한다.
- 난색 계통은 Warm Gray, 한색 계통은 Cool Gray와 함께 사용한다.
- 그 외 기타재료(연필, 펜, 색연필 외)의 스케치선을 사용하여 자유롭게 표현한다.

STONE
마카 Cool Gray를 사용하여 차가운 느낌을 표현한다.

WOOD
- 나무의 무늬결과 곧은결의 느낌을 팬터치로 다양하게 표현한다.
- 브라운계열의 컬러나 마카의 Warm Gray를 사용한다.

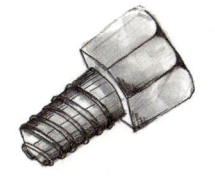

STEEL
마카의 Cool Gray를 사용하여 스틸의 느낌을 표현한다.

BLOCK
- 브라운 계열의 컬러로 자연스럽게 블럭을 표현한다.
- 볼록, 오목한 부분의 그림자 표현에 유의한다.

FABRIC
- 펜의 강약을 조절하여 그린 후 컬러링 작업시 패브릭의 여백과 질감 표현에 유의한다.

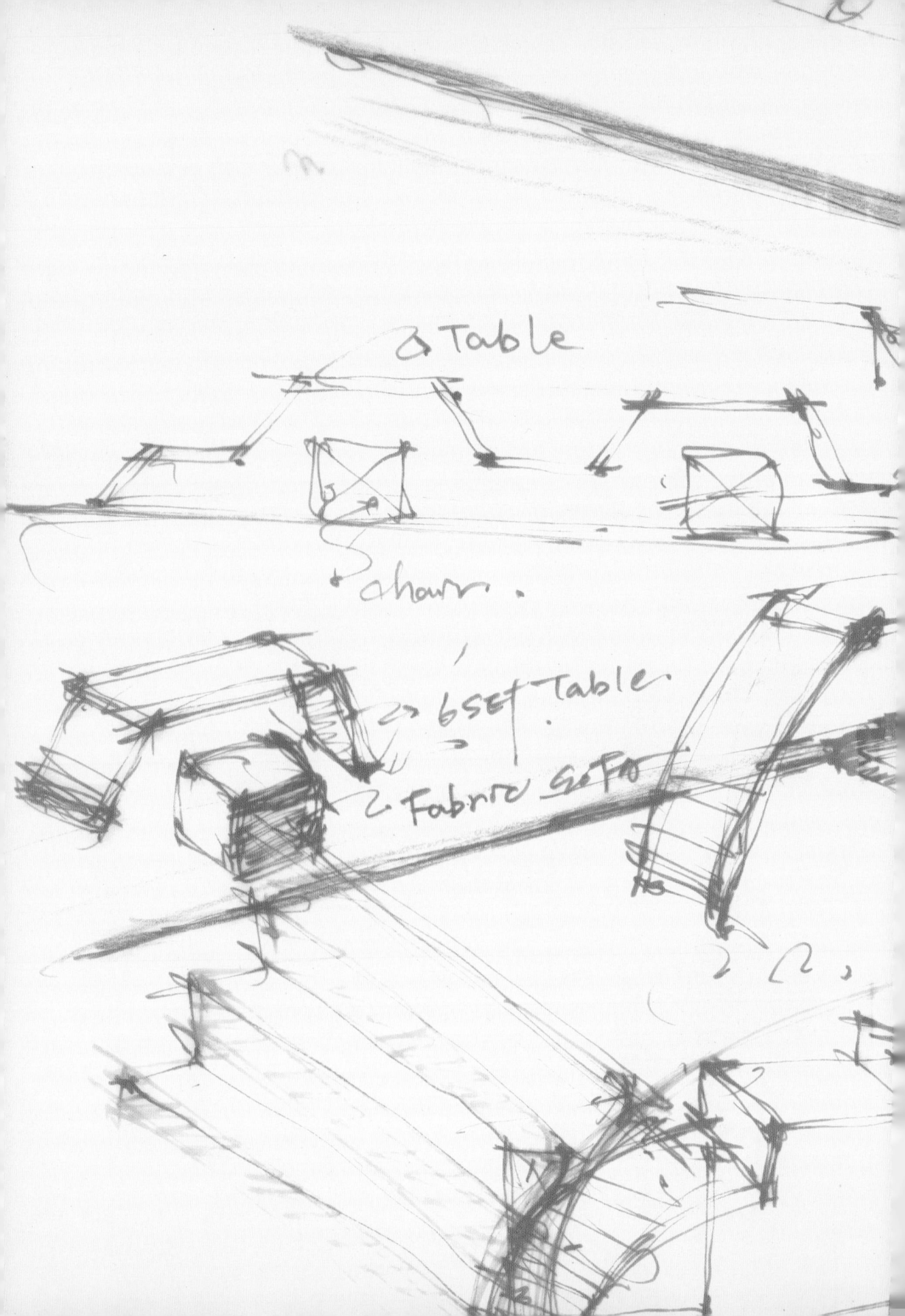

Chapter 2 _ 도면 표현 기법

2_도면 표현 기법

1. 평면 표현 기본 연습

평면 표현에서 가장 유의할 점은 도형이 바닥에서 돌출되어 있는 것처럼 그림자 표현이 중요하다.

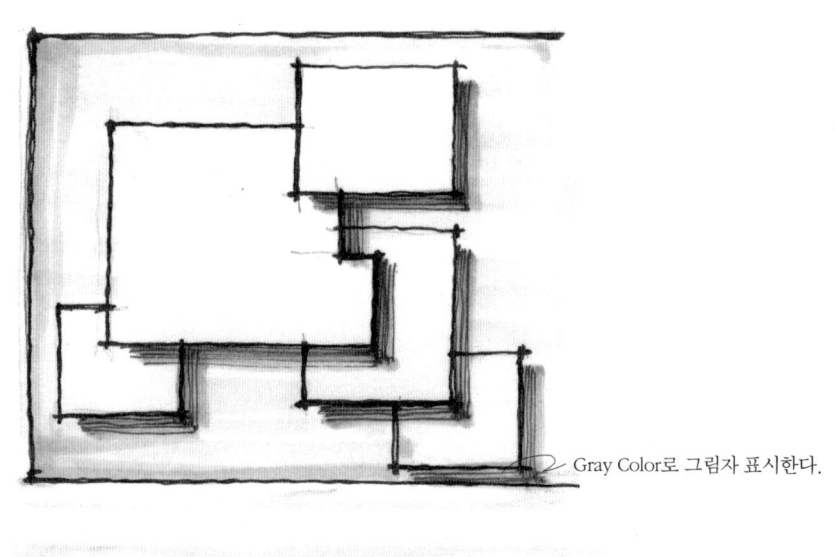

Gray Color로 그림자 표시한다.

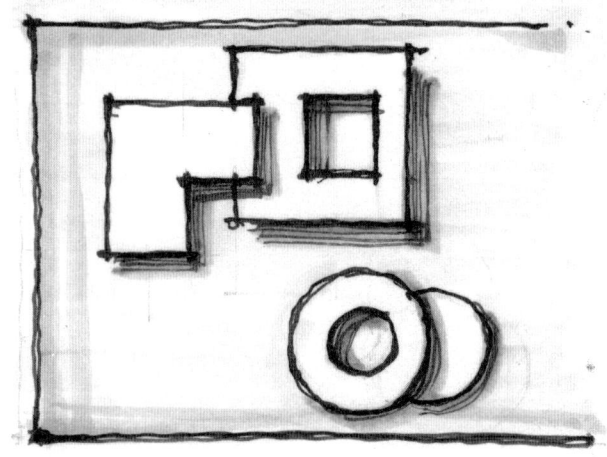

2. 평면 표현 응용 연습

- 러그(Rug) 표현 방법

  러그 : 바닥이나 침대 의자에 까는 깔개를 말한다. 전체를 덮지 않고 일부만 덮는 점에서 카펫과 구별된다.

사각형을 그리고 모서리를 장식한 후
두 가지 컬러로 연습해 본다.

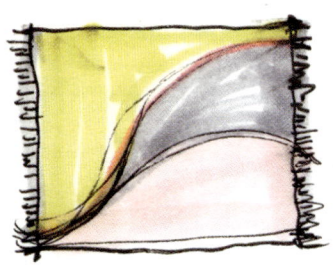

사각형을 그리고 양 끝에 펜터치한 후
라운드를 사용하여 모양을 만든 후
세 가지 컬러를 사용하여 연습해 본다.

- 푹신푹신한 러그 표현 방법

  연필로 전체의 모양을 만든 후 펜을 살짝 튕기면서 펜터치한 후 원하는 컬러를 점 형태로 터치한다.
  단, 유사색(분홍, 빨강, Warm Gray / 하늘색, 파랑, Cool Gray)끼리 사용한다.

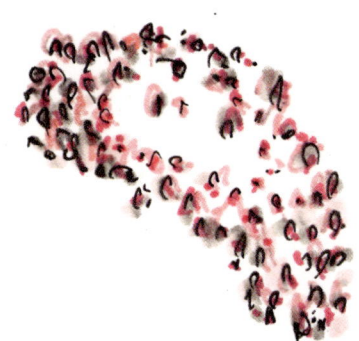

- 플로링(Flooring, 주로 목재인 마루재료를 지칭) 표현 방법
  • 일정한 간격으로 수평선을 그은 후 한 칸씩 건너서 수직선을 긋는다.
  • 나무색을 표현하는 브라운 계통의 마카를 사용하여 연습한다.
  • 브라운계통은 따뜻한 색이므로 부분적으로 Warm Gray와 함께 사용할 수도 있다.

- 수목 표현 방법

 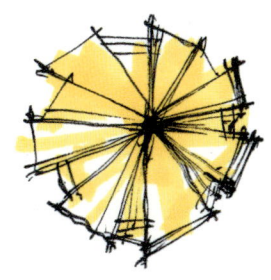

1. 연필로 원을 그리고 펜을 살짝 튕기듯이 밑그림된 원을 따라 펜터치한 후 밝은 노랑으로 전체적으로 터치한다.(좌)
연필로 원을 그리고 원의 중심을 고려하여 삼각형 모양을 한 후 밝은 노랑으로 전체적으로 터치한다.(우)

 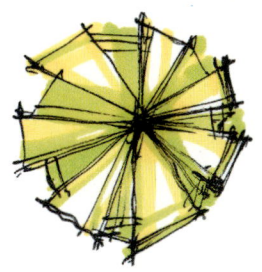

2. 1그림에 밝은 연두 계통의 마카를 사용하여 터치한다.(좌, 우)

 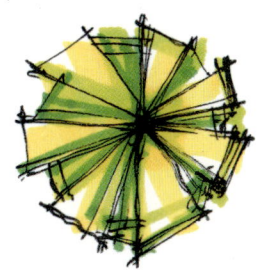

3. 2그림에 녹색을 사용하여 밝은 연두보다 소량 터치한다.(좌, 우)

3. 2그림에 녹색을 사용하여 밝은 연두보다 소량 터치한다.(좌, 우)

- 대리석 표현 방법

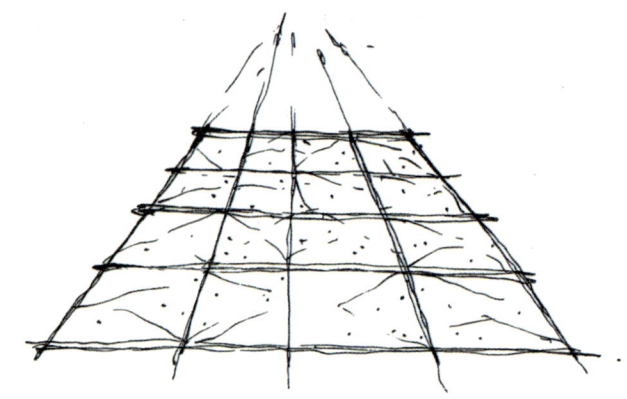

1. 대리석을 그릴 때는 무늬가 일정하지 않다.
무늬가 굵은 것부터 가는 것이 있으며, 가는 것의 표현은 펜을 살짝 들고 터치한다.

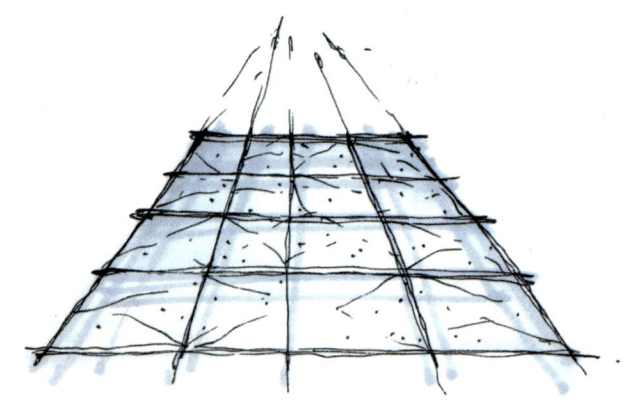

2. 대리석의 차가운 느낌을 표현하기 위하여 Cool Gray1, 3번을 사용하여 연습한다.

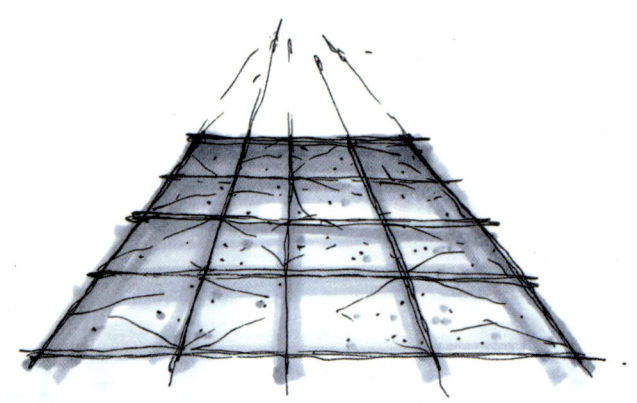

3. Cool Gray3, 5번을 사용하여 터치한다.

- 침대의 표현 방법
    - 드로잉 펜으로 드로잉한 후 밝은 색부터 자연스럽게 컬러링한다.
    - 가는 선을 사용하여 주름과 패턴을 표현한다.
    - Gray로 그림자 처리하여 바닥에서 돌출되어 보이도록 한다.

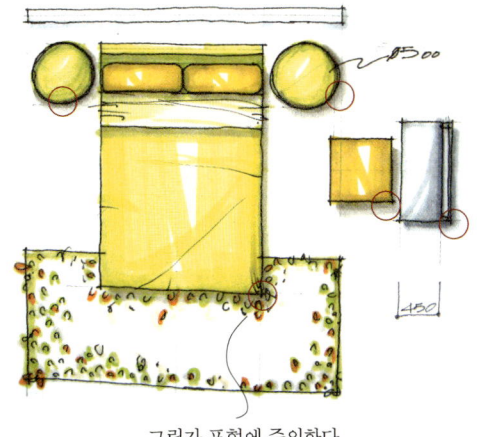

그림자 표현에 주의한다.

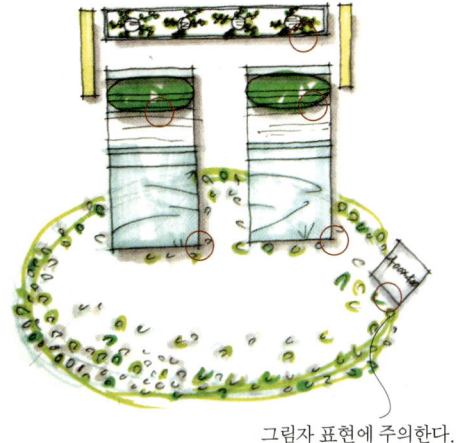

그림자 표현에 주의한다.

그림자 표현에 주의한다.

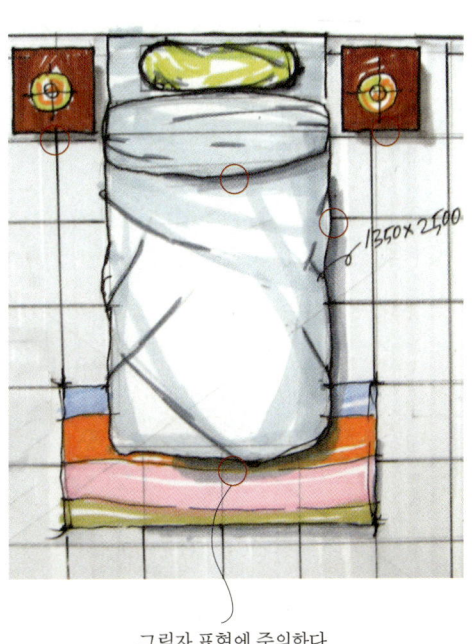

그림자 표현에 주의한다.

그림자 표현에 주의한다.

그림자 표현에 주의한다.

- 주방, 욕실 표현 방법
  - 세면기, 변기, 욕조를 컬러링한 후 바닥에서 돌출된 느낌이 들도록 그림자 표현에 주의한다.
  - 세면기와 욕조 가운데 부분이 들어가 보이도록 그림자 표현에 주의한다.

그림자 표현에 주의한다.

그림자 표현에 주의한다.

욕실의 바닥 표현

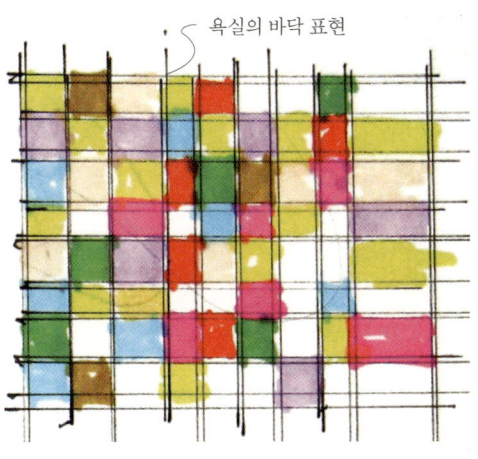

- 평면예제

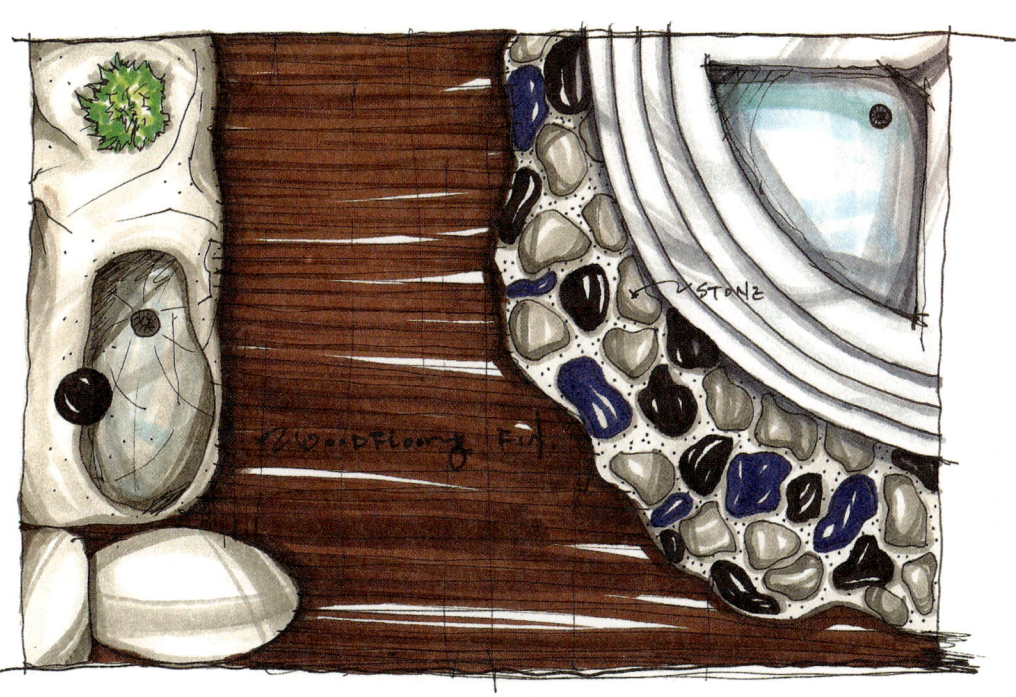

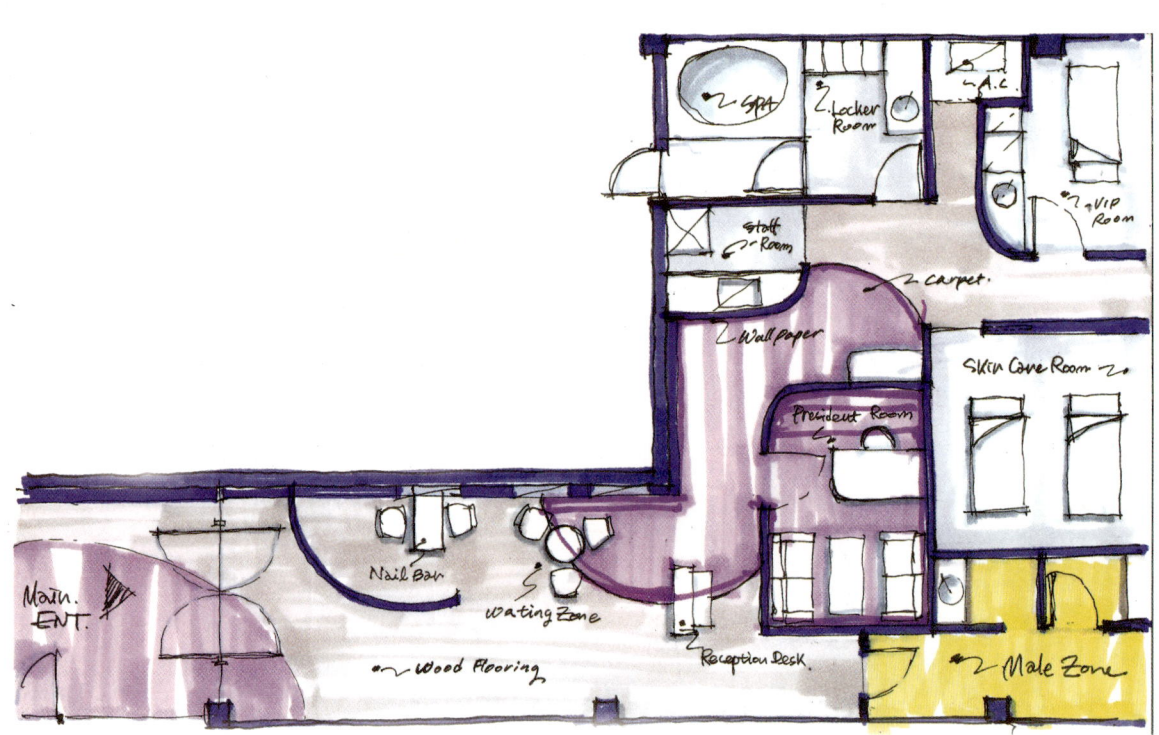

– Beauty Shop

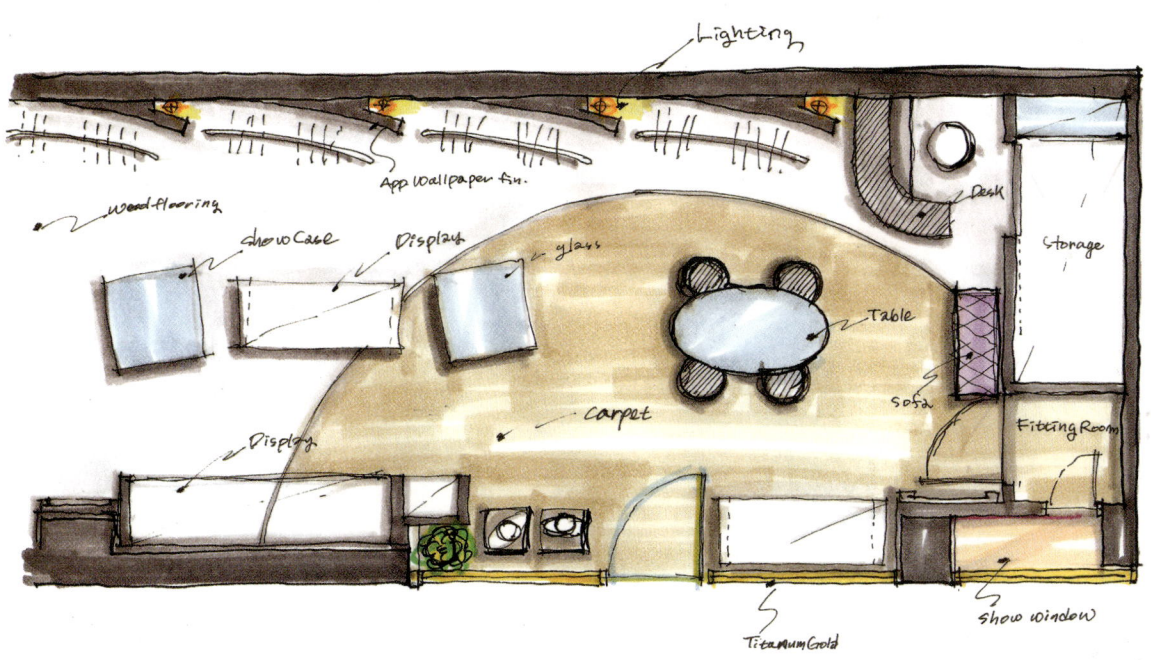

— Fashion Shop

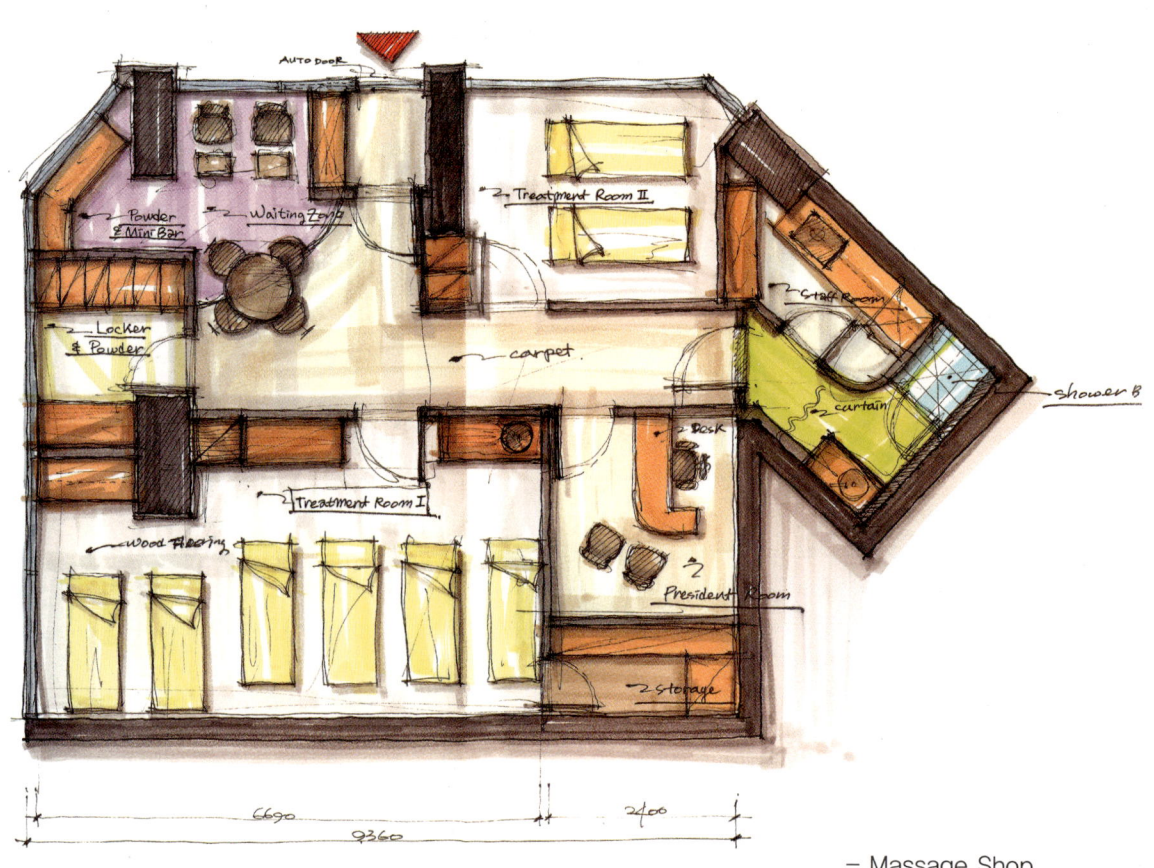

— Massage Shop

– Drama house

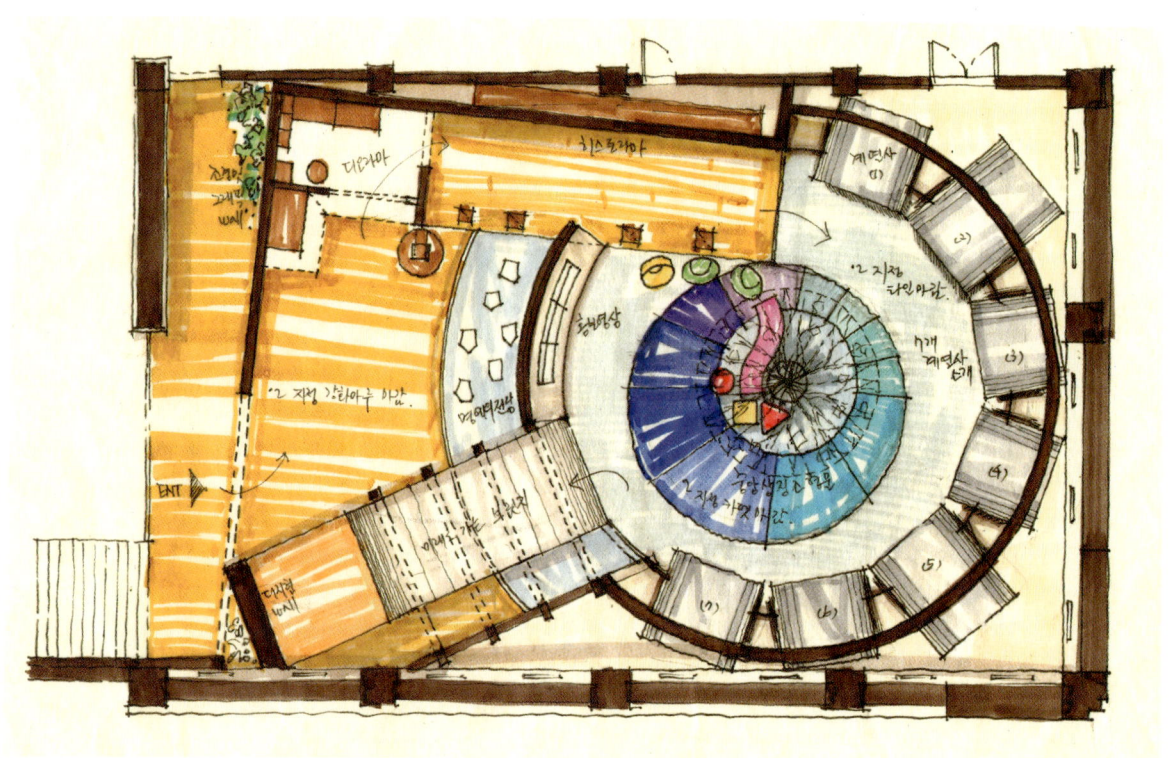

- 전시공간

3. 입면 표현 기본 연습

입면 표현에서 가장 유의할 점은 도형이 벽에서 앞으로 돌출되어 있는 것처럼 그림자 표현이 중요한다.

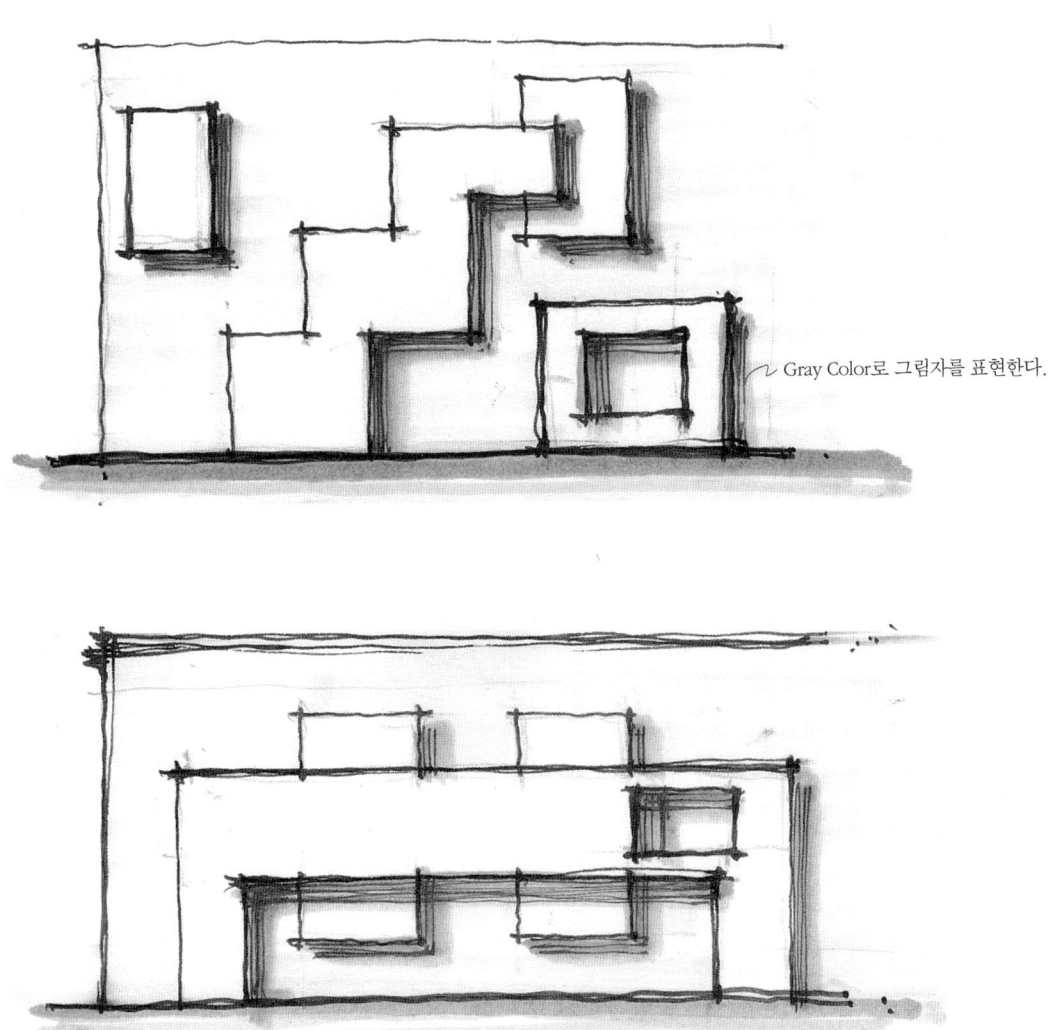

Gray Color로 그림자를 표현한다.

4. 입면 표현 응용 연습

- 조명 표현 방법

1. 펜으로 조명모양을 그리고, 빛 방향은 '자'를 사용하여 표현한 후 불이 켜져 있는 느낌이 들도록 밝은 노랑으로 컬러링한다.

2. 밝은 주황으로 살짝 터치한다.

- 유리 표현 방법

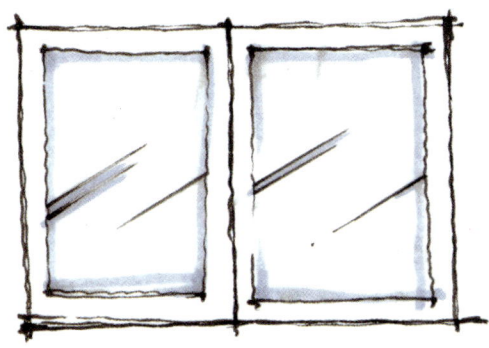

1. 펜으로 창문모양을 그리고, 사선의 유리 표현은 '자'를 사용하여 그린 후 Cool Gray1번을 사용하여 살짝 터치한다.

2. 1위에 밝은 하늘색(창문은 하늘의 느낌을 표현하기 위해)을 사용하여 터치한다.

3. 창문 프레임을 컬러링한다.

4. Cool Gray 3, 5번으로 그림자를 표시한다.

- 문 표현 방법
  - 문 스케일(9000 × 2100)에 유의하며, 손잡이 높이(H : 900) 또한 주의한다.
  - 수직선, 수평선이 휘지 않도록 스케치한다.

Holding Door

- 커텐 표현 방법
    - 스케치 작업시 펜을 살짝 들고 터치한다.
    - 풍성한 느낌이 들도록 그려야 하며 홀쭉하게 그리지 않는다.
    - 주름을 표현할 때 천이 접히는 부분을 중심으로 주름이 표현된다.
    - 유사색 (분홍, 빨강, Warm Gray / 노랑, 밝은 연두, 녹색, Warm Gray / 하늘색, 파랑, Cool Gray)의 조화를 이루어 컬러링하는 것이 좋다.

- 입면예제

그림자 표현에 주의한다.

그림자 표현에 주의한다.

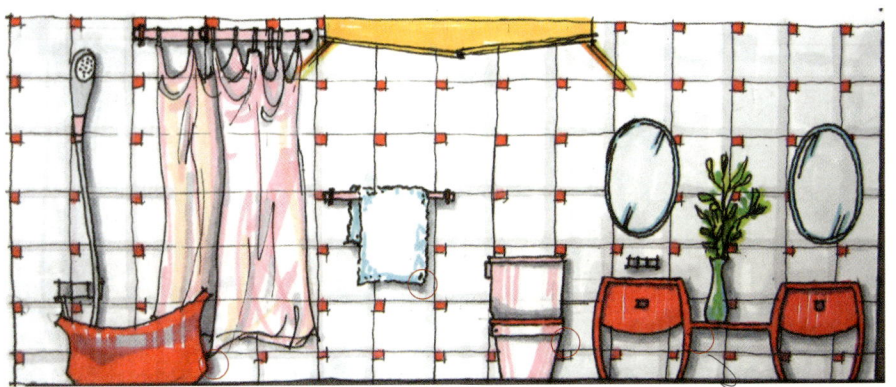
그림자 표현에 주의한다.

그림자 표현에 주의한다.

그림자 표현에 주의한다.

– 펜(pen) 드로잉

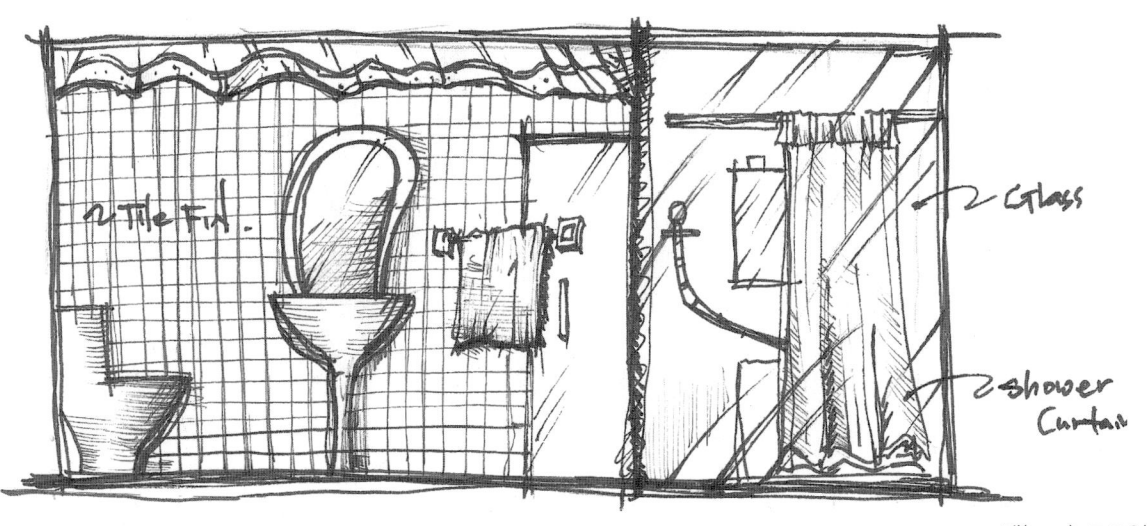

– 펜(pen) 드로잉

– 샤프 드로잉

– 4B연필 드로잉

– 펜(pen) 드로잉

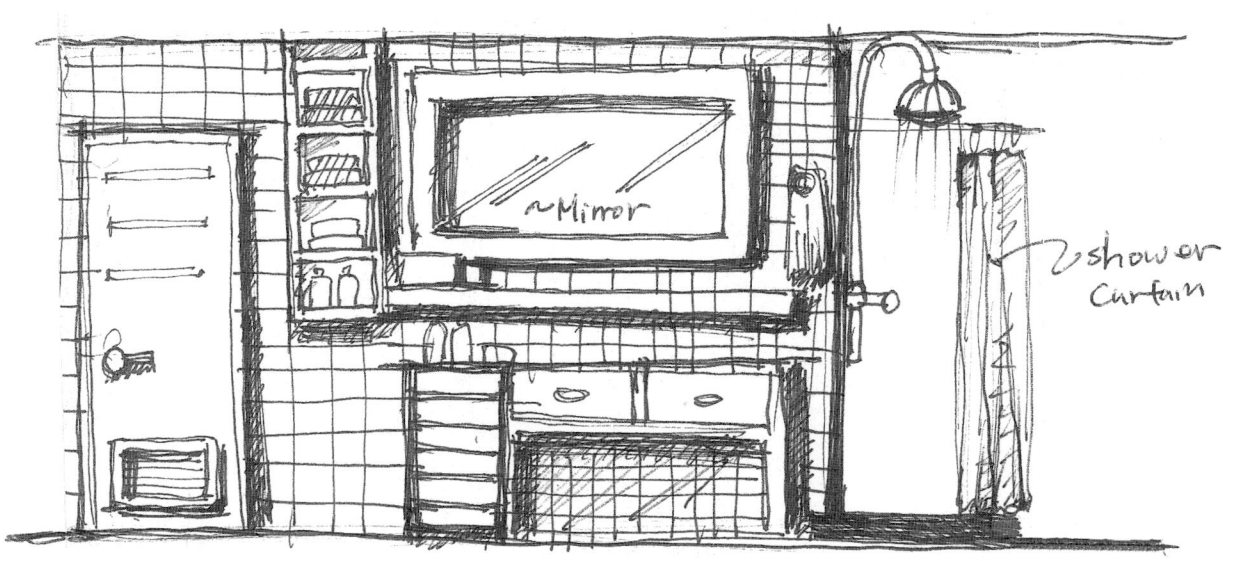

– 볼펜 드로잉

– Fashion Shop

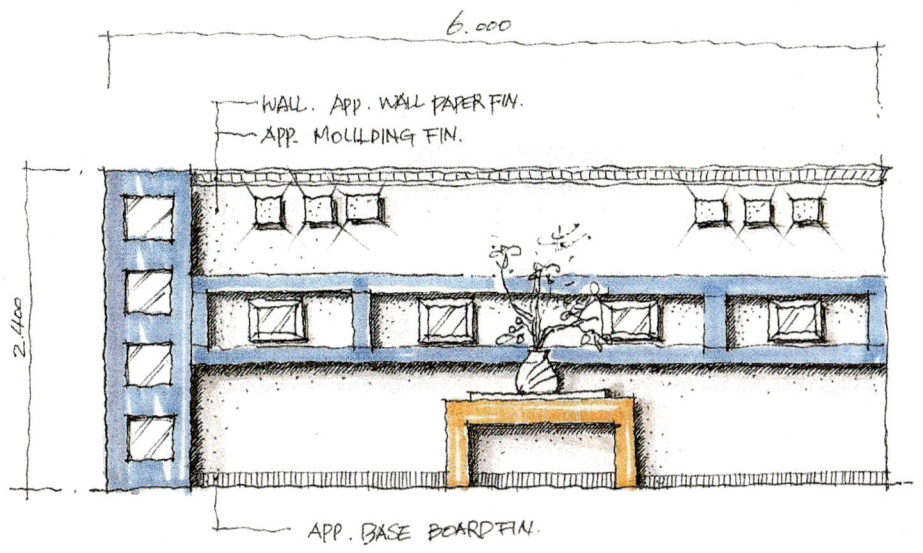

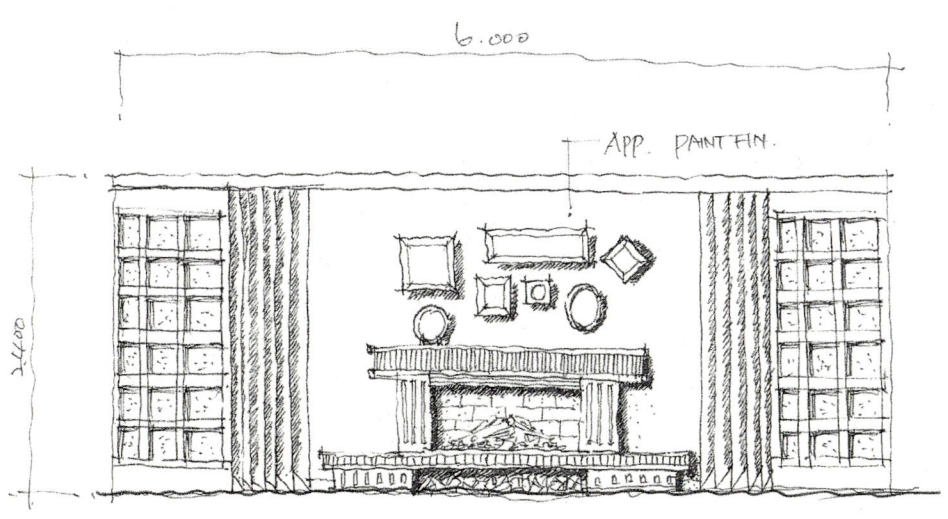

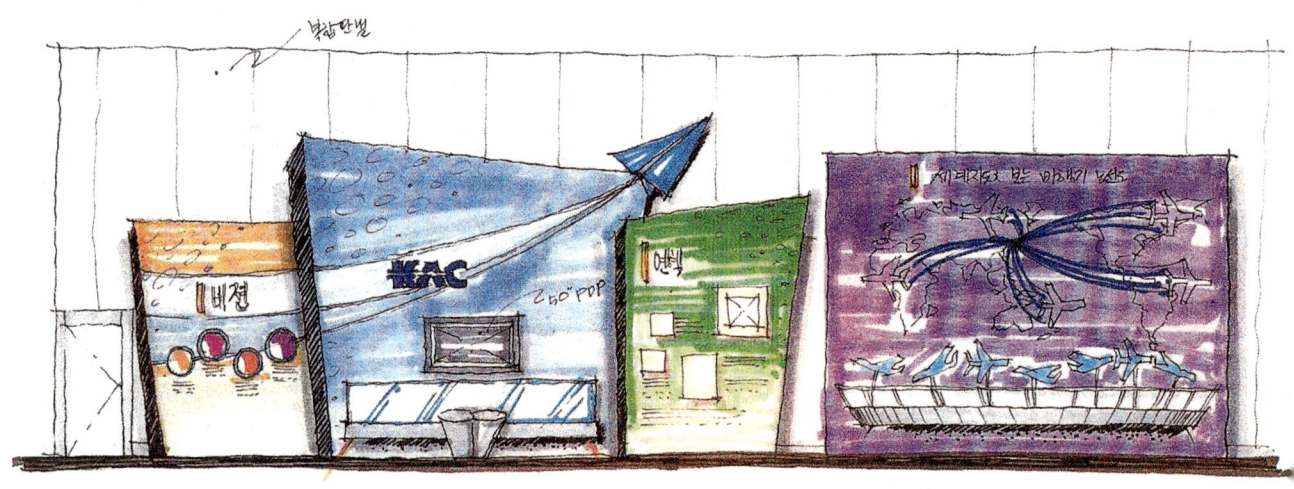
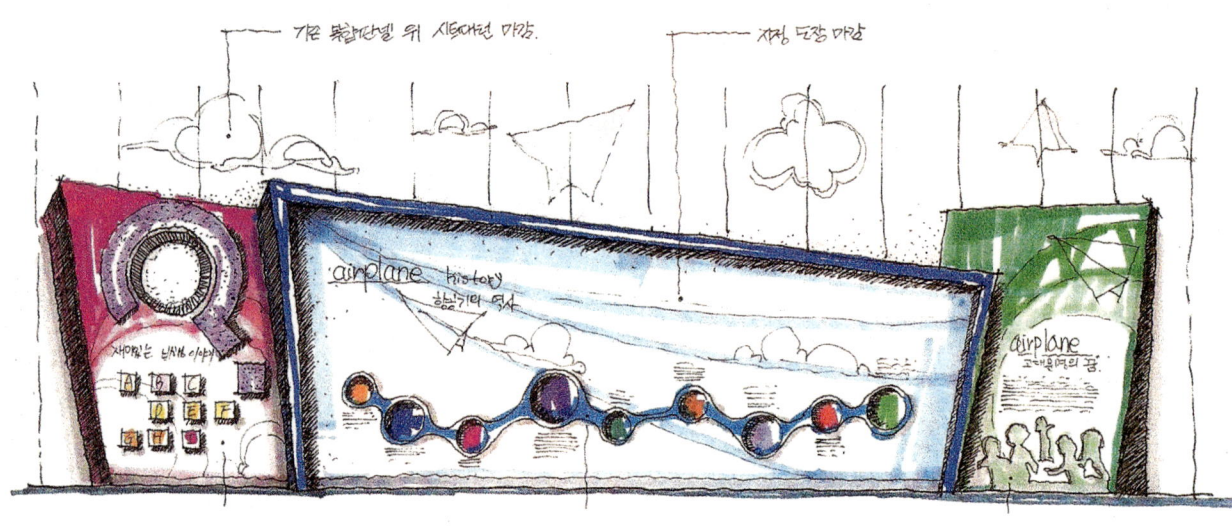

− 전시공간

— 전시공간

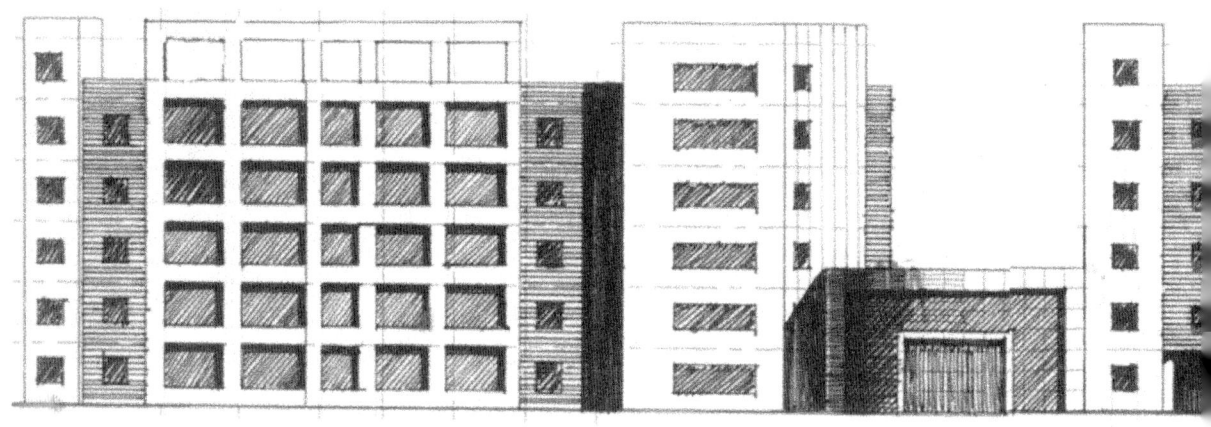

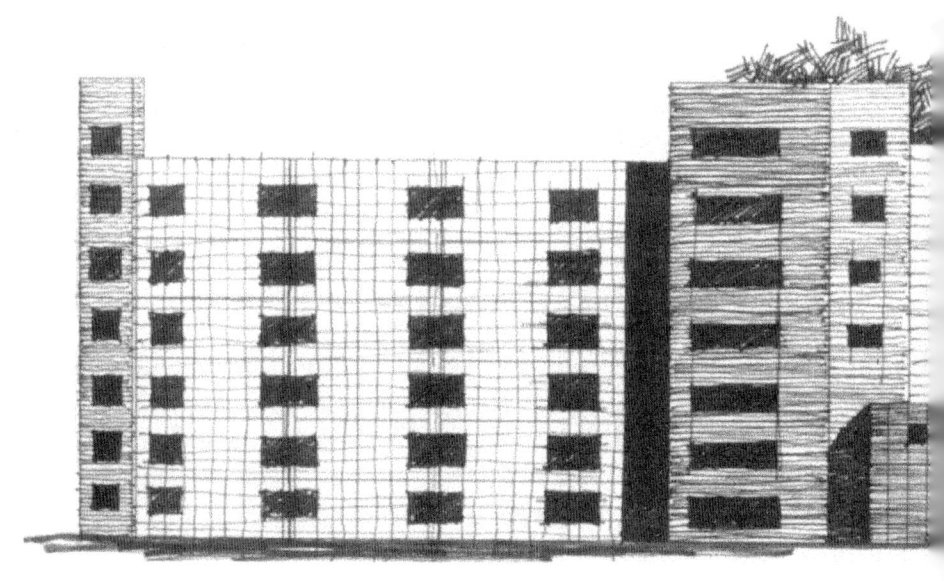

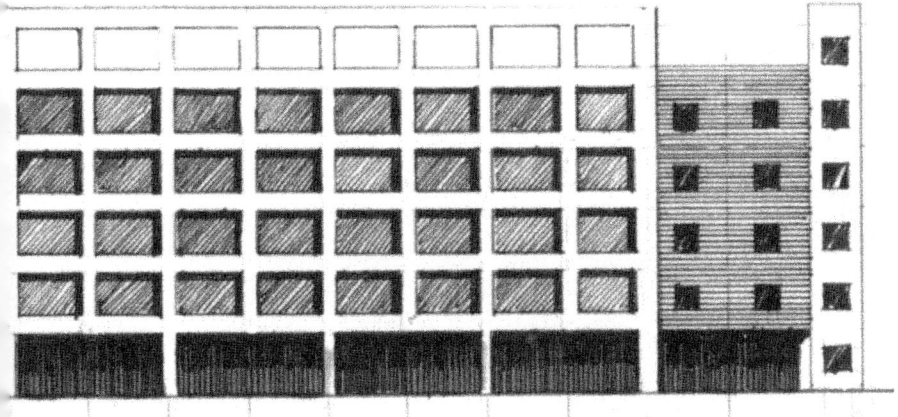

– 건물 외관 스케치 Ⅰ

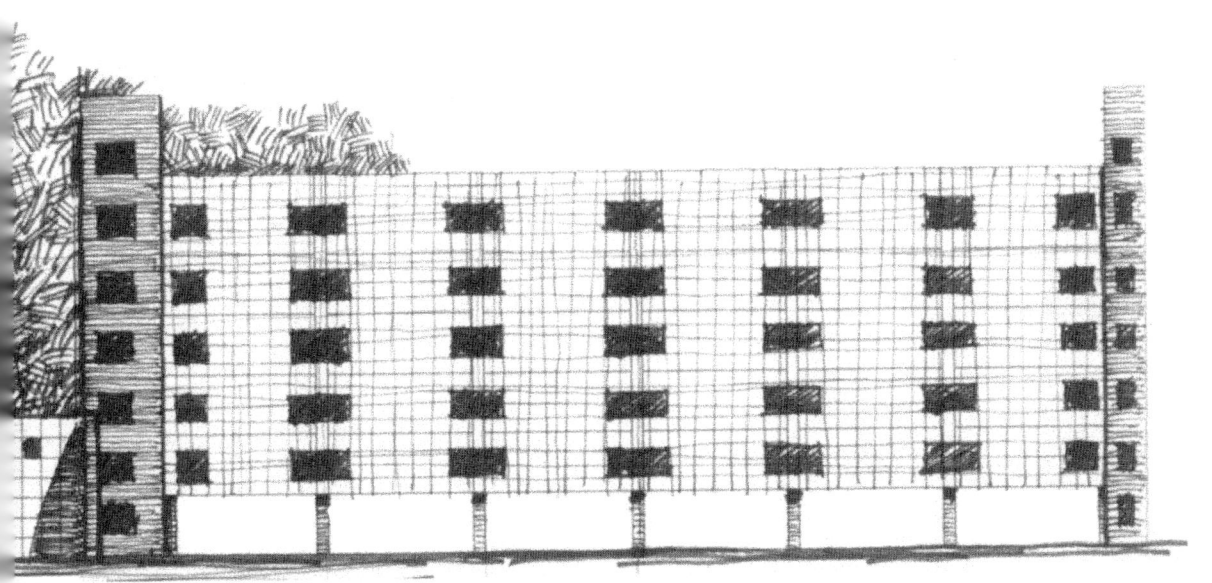

– 건물 외관 스케치 Ⅱ

Special Tip

평면 표현 기본 연습

평면 표현에서 가장 유의할점은 도형이 바닥에서 위로 돌출되어 있는 것처럼 그림자 표현이 중요하다.

러그 표현 방법
- 연필로 전체의 모양을 만든 후 펜으로 터치한 후 컬러링한다.
- 단, 패브릭 느낌을 표현하기 위해 펜을 살짝 들고 자연스럽게 터치한다.

플로링 표현 방법
- 일정한 간격으로 플로링을 표현한다.
- 브라운컬러의 드로잉 도구를 사용하여 컬러링하며 마카 사용시 Warm Gray와 함께 사용한다.

수목 표현 방법
동일계 색상(노랑, 밝은 그린 컬러 톤)를 먼저 사용한 후 진한 그린 컬러를 사용한다.

대리석 표현 방법
가는 펜으로 대리석의 느낌을 표현하며, 차가운 느낌을 표현하기 위해 Cool Gray를 사용한다.

침대의 표현 방법
패브릭과 그림자 표현에 주의하여 바닥에서 돌출되어 보이도록 한다.

입면 표현 기본 연습

입면 표현에서 가장 유의할점은 도형이 벽에서 돌출되어 있는 것처럼 그림자 표현이 중요하다.

조명 표현 방법
빛의 방향을 '자'를 사용하여 표현한 후 조명이 켜져 있는 느낌이 들도록 밝은 노란색 계열의 컬러를 사용한다.

유리(창문) 표현 방법
맑은 느낌과 차가운 느낌을 표현하기 위해 Cool Gray와 함께 하늘색으로 터치한다.

문 표현 방법
문 스케일(900 × 2100)에 유의하며, 손잡이 높이(H : 900) 또한 주의한다.

커텐 표현 방법
패브릭 작업시 펜을 살짝 들고 터치하며, 풍성한 느낌이 들도록 표현한다.

Make-up table

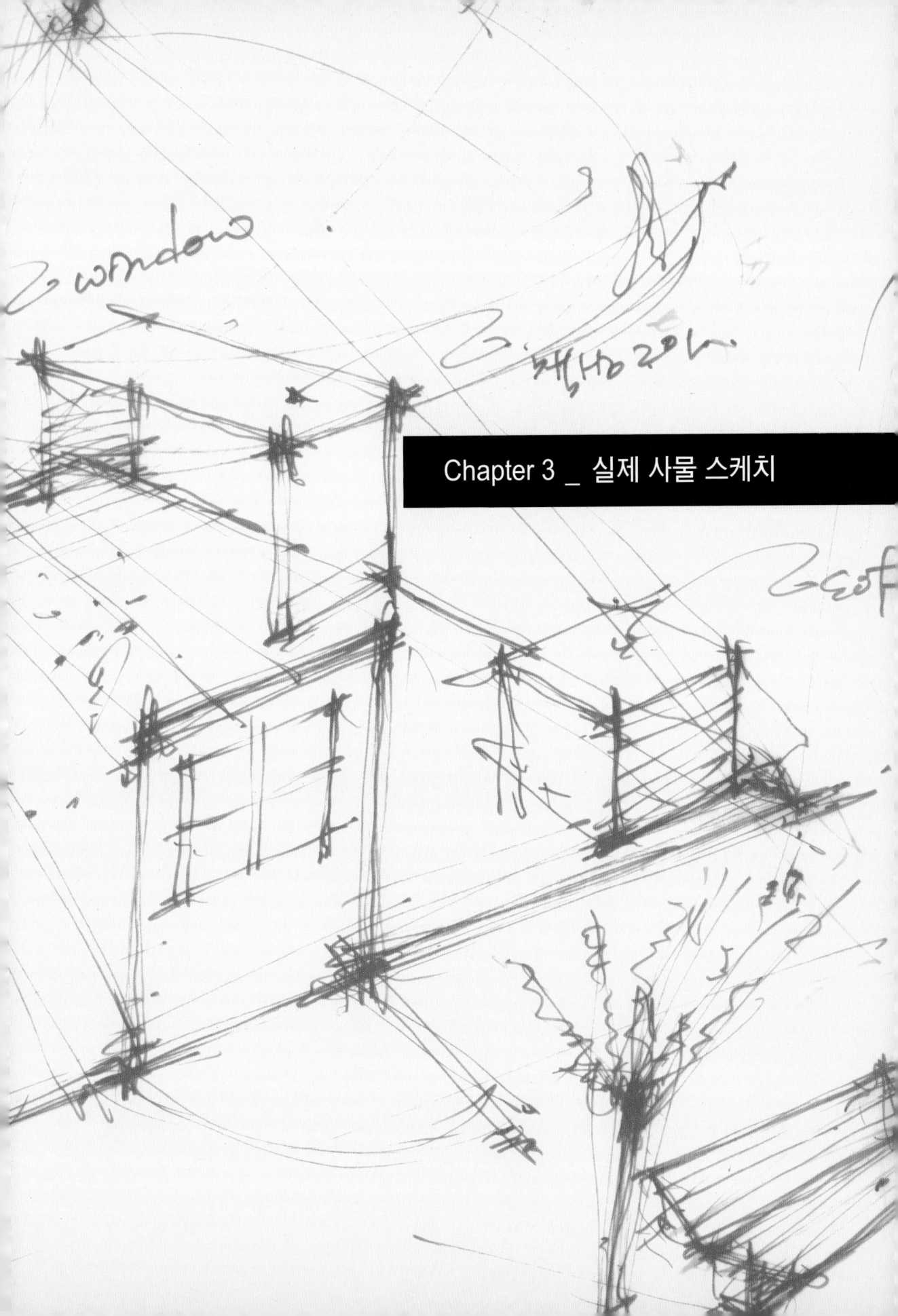

Chapter 3 _ 실제 사물 스케치

3_실제 사물 스케치

1. 가구 스케치 시점

    A. 가구의 높이가 시점(V.P)보다 많이 높다.   ex) 씽크상부장, Bar상부장
    B. 가구의 높이가 시점(V.P)보다 약간 높다.   ex) 붙박이장, 책장등
    C. 가구의 높이가 시점(V.P)보다 낮다.
       일반적으로 스케치 작업시 가장 많이 사용한다.
    D. 시점(V.P)이 너무 높아 가구가 왜곡되어 보인다.

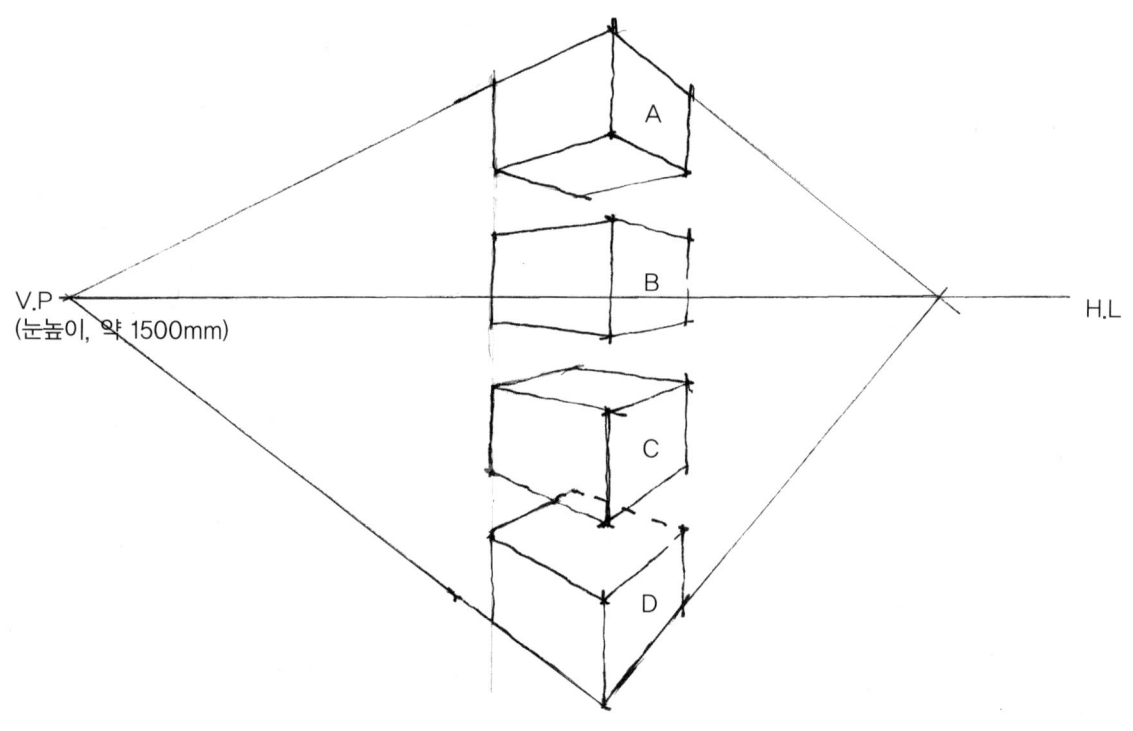

2. 박스형 가구 그리기

스케치 컬러링을 시작하기 전에 원본을 다른 드로잉 종이에 복사하여 다양한 컬러를 사용하여 연습한다.
만약, 컬러링에 실패하더라도 원본은 남아있어 다시 시도할 수 있다.

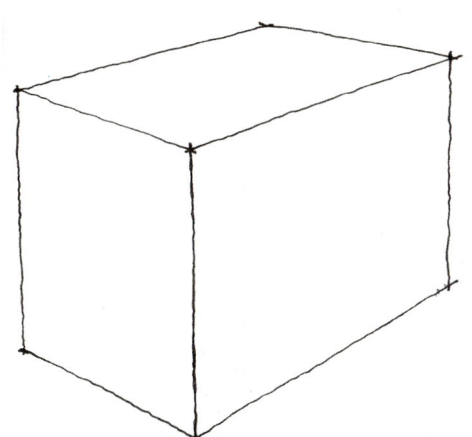

1. 연필을 이용하여 박스형태의 외곽라인을 형성한다.

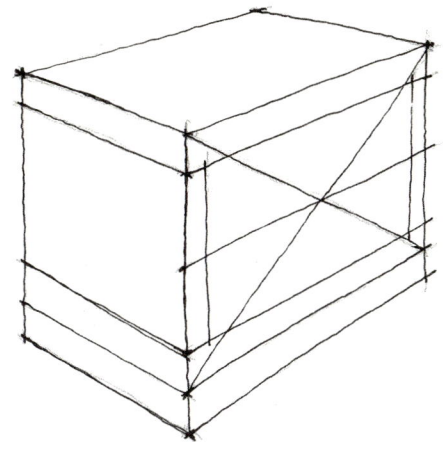

2. 물체의 비례에 맞게 등분한다.

3. 드로잉 펜으로 물체를 정확히 표현한 후 흐린 색부터 컬러링한다.

4. 밝은 색의 Warm Gray로 그림자를 표현한다.

원목무늬

white

가구 옆면 나무 무늬결에 가는 펜으로 펜터치한다.

손잡이 수직라인이 일정하도록 주의하며, 돌출된 느낌을 주기위해 그림자 처리한다.

매입되어 보이도록 그림자 처리한다.

white color

white

Black color

Black Color는 너무 답답해 보이지 않도록 자연스럽게 (약간씩 흰 여백이 보이도록) 컬러링한다.

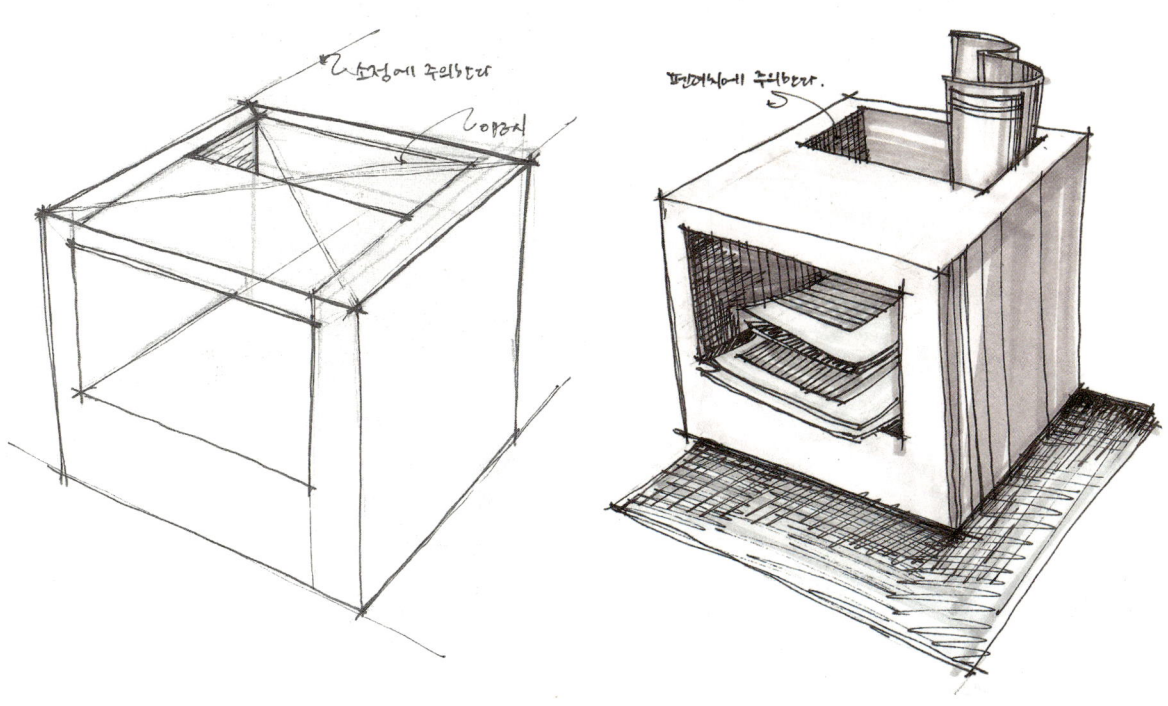

1. 박스형태의 외곽라인을 그린 후 비례에 맞게 등분한다.

2. 밝은 색부터 컬러링한 후 그림자 처리한다.

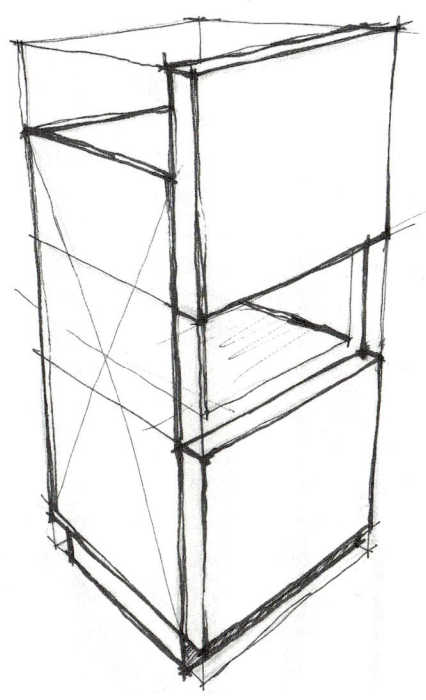

1. 박스형태의 외곽라인을 그린다.

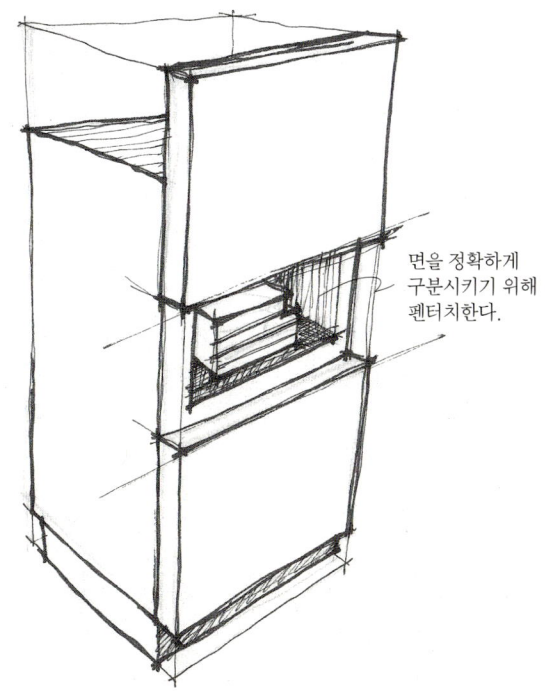

면을 정확하게 구분시키기 위해 펜터치한다.

2. 가구를 비례에 맞게 그린 후 펜터치한다.

3. 펜터치에 주의하며 밝은 색부터 컬러링한다.

4. 컬러링을 완성한 후 그림자 처리한다.

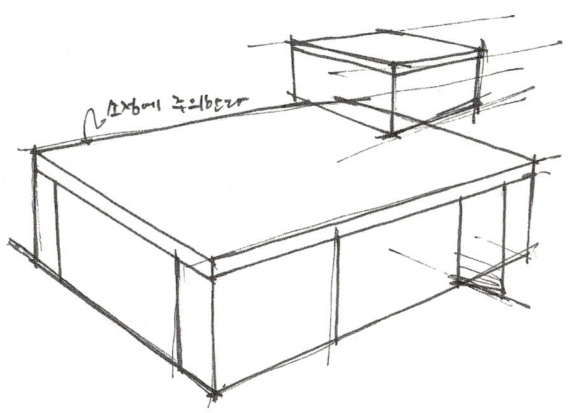

1. 소점에 주의하여 박스형태의 외곽라인을 그린다(가구비례 주의).

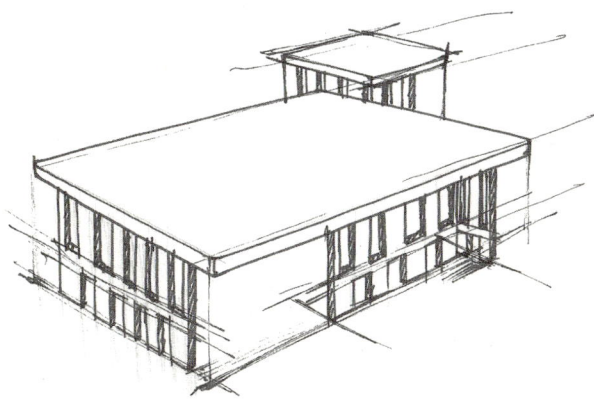

2. 가구디자인의 특성을 이해하여 펜터치한다.

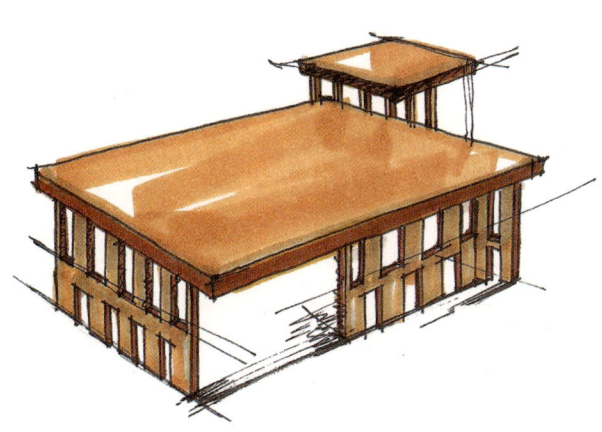

3. 가구 컬러를 선정하여 컬러링한다.

4. 브라운 계열은 난색이므로 Warm Gray로 그림자 처리한다.

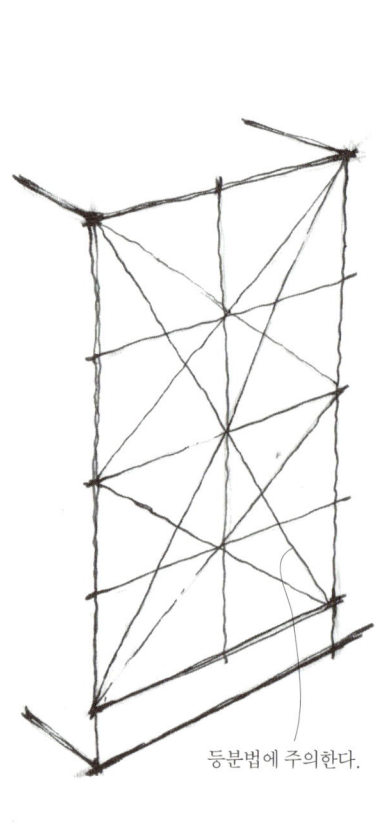

등분법에 주의한다.

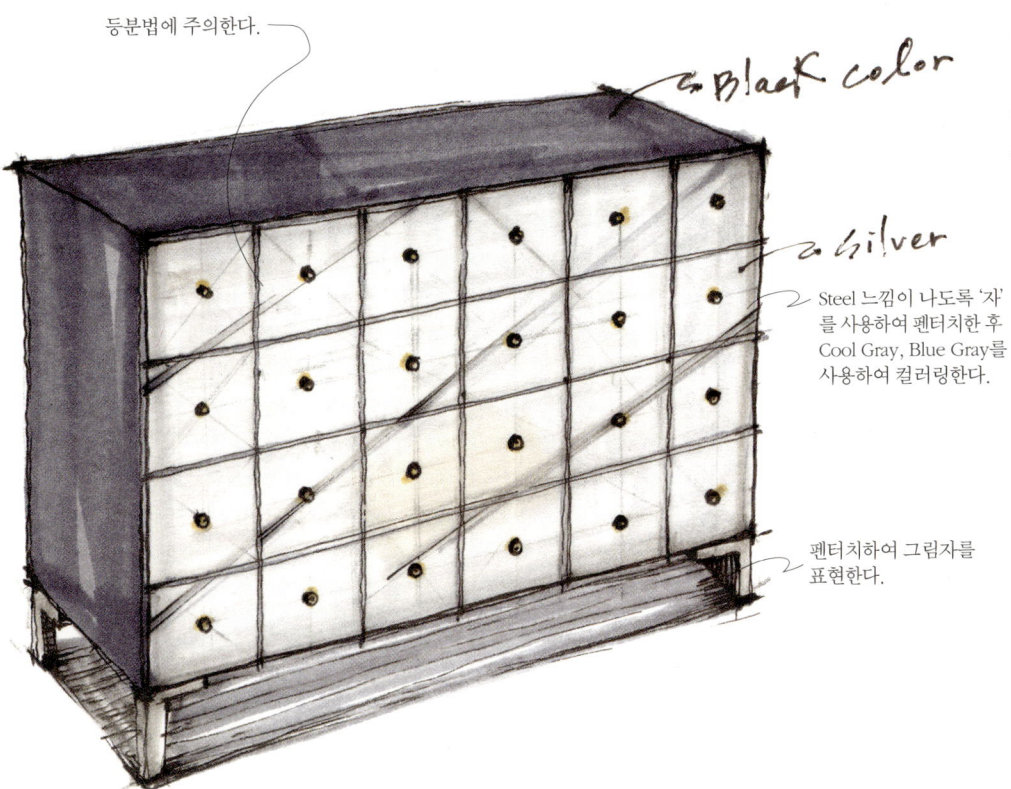

등분법에 주의한다.

Black color

Silver
Steel 느낌이 나도록 '자'를 사용하여 펜터치한 후 Cool Gray, Blue Gray를 사용하여 컬러링한다.

펜터치하여 그림자를 표현한다.

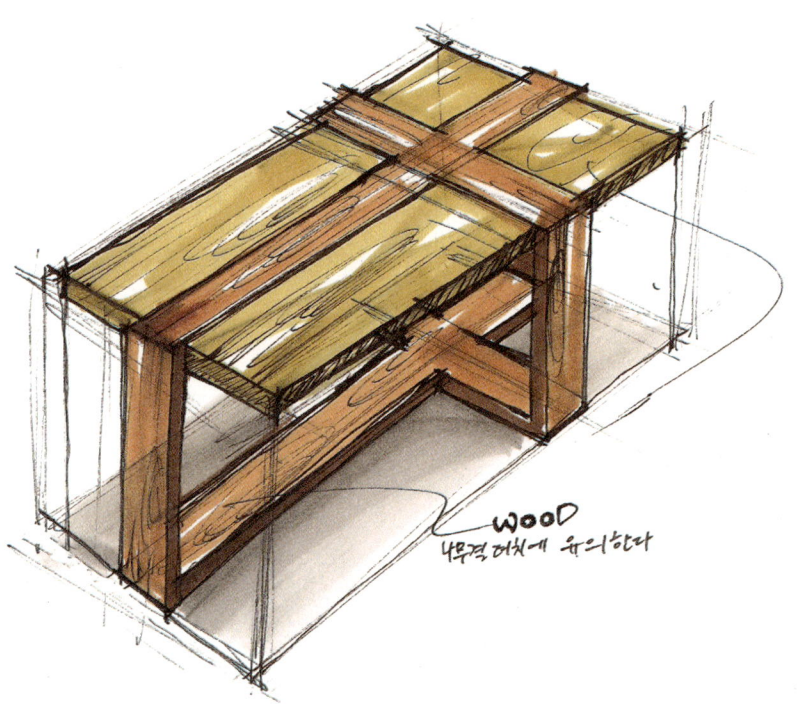

WOOD
나무결 터치에 유의한다

Fabric sofa (Yellow color)

웟넛마감
나무결무늬

그림자 표현에 주의한다.

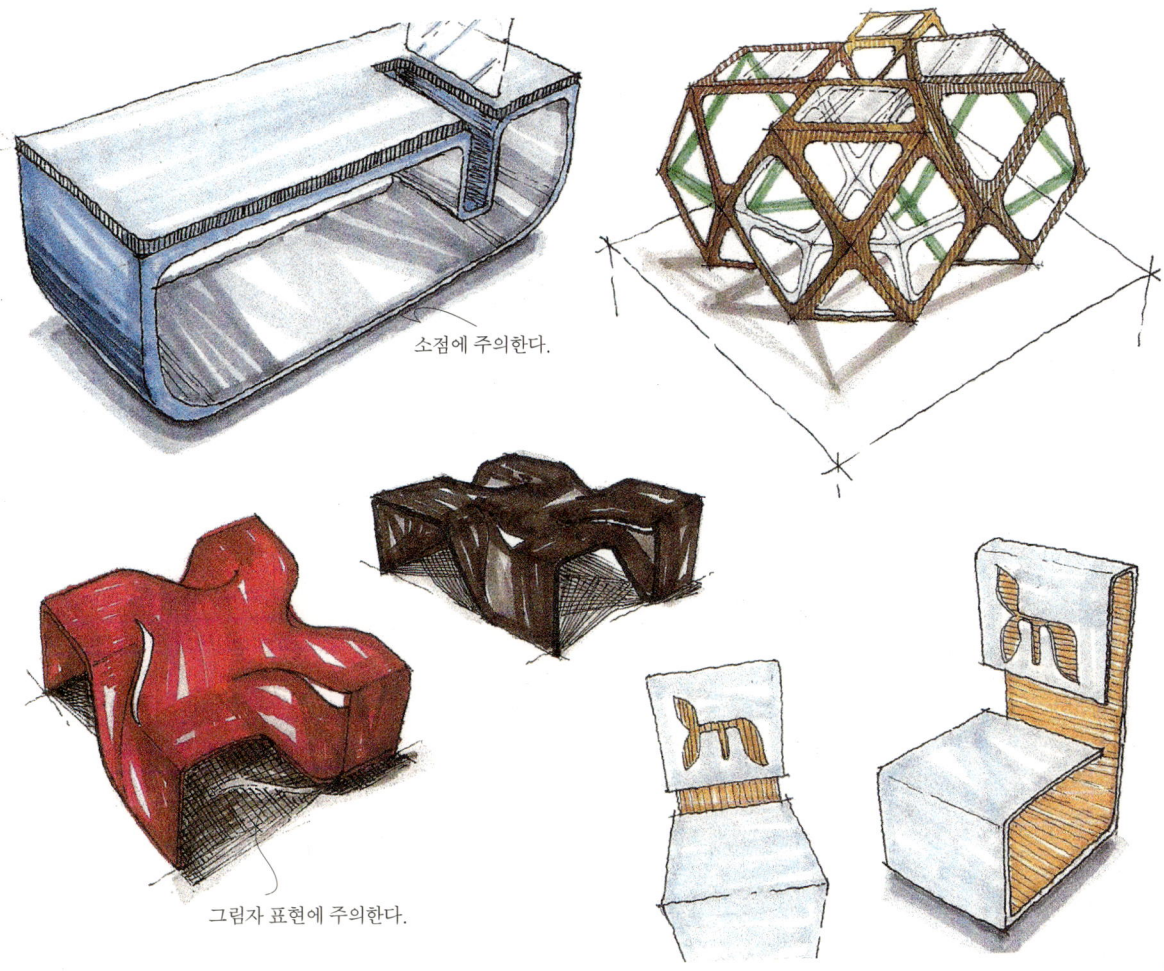

3. 침대 응용 표현

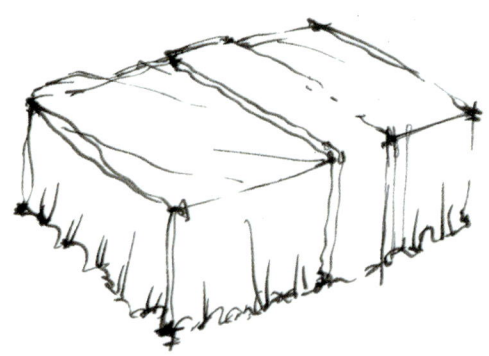

1. 침대의 비례에 맞게 박스형태의 외곽라인을 형성한 후 펜터치한다. Single(1000mm x 2000mm), Queen(1500mm x 2000mm) 사이즈에 유의한다. (침대높이 400mm)

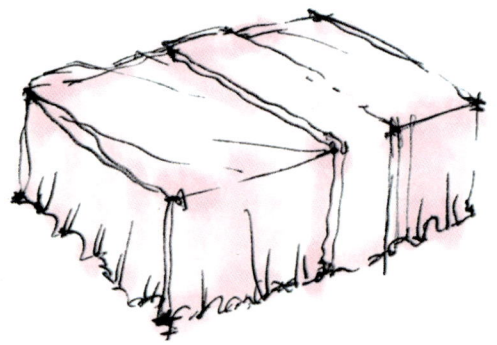

2. 사용하고자 하는 컬러의 밝은 색부터 터치한다.

3. 원하는 컬러로 터치한다.

4. Warm Color의 경우 Warm Gray로 그림자 처리하고, Cool Color의 경우 Cool Gray로 그림자 처리한다.

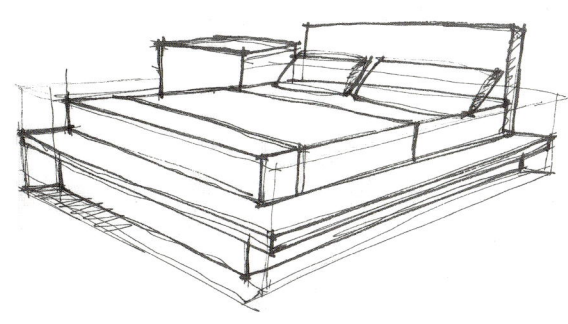
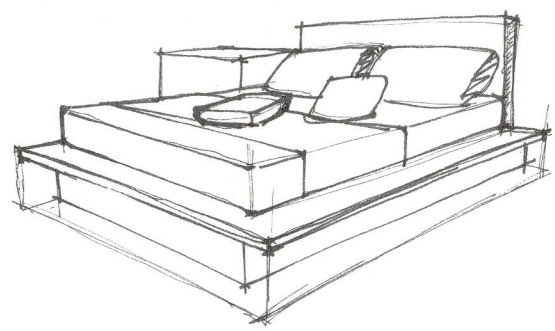

1. 침대의 스케일에 맞게 박스형태를 그린다.

2. 패브릭은 스케치 선이 직각이 되지 않도록 라운드를 형성하여 터치한다.

3. 펜터치한 후 밝은 색부터 컬러링한다.

4. 컬러링을 완성한 후 Yellow Color는 따뜻한 색이므로 Warm Gray로 그림자 처리한다.

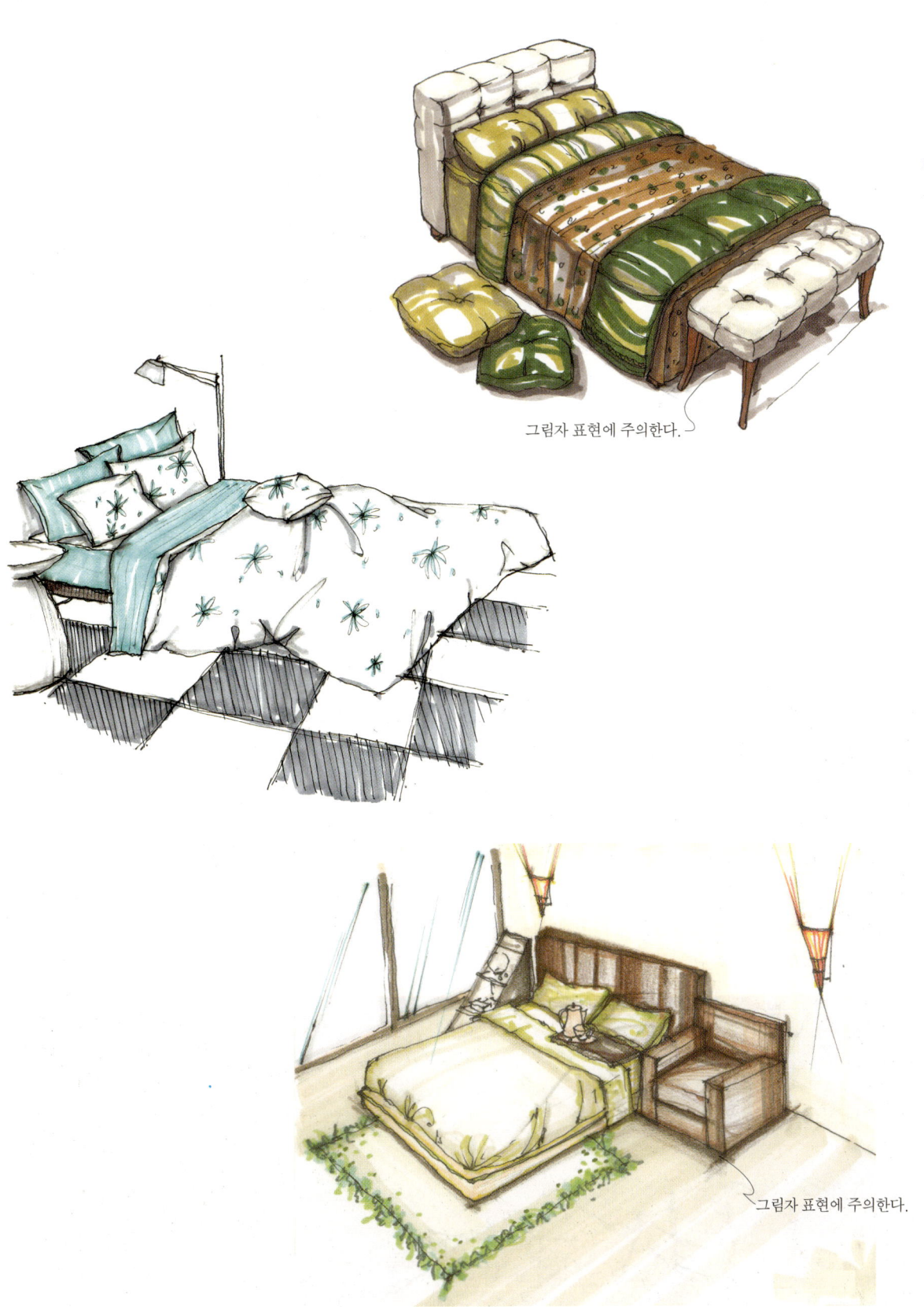

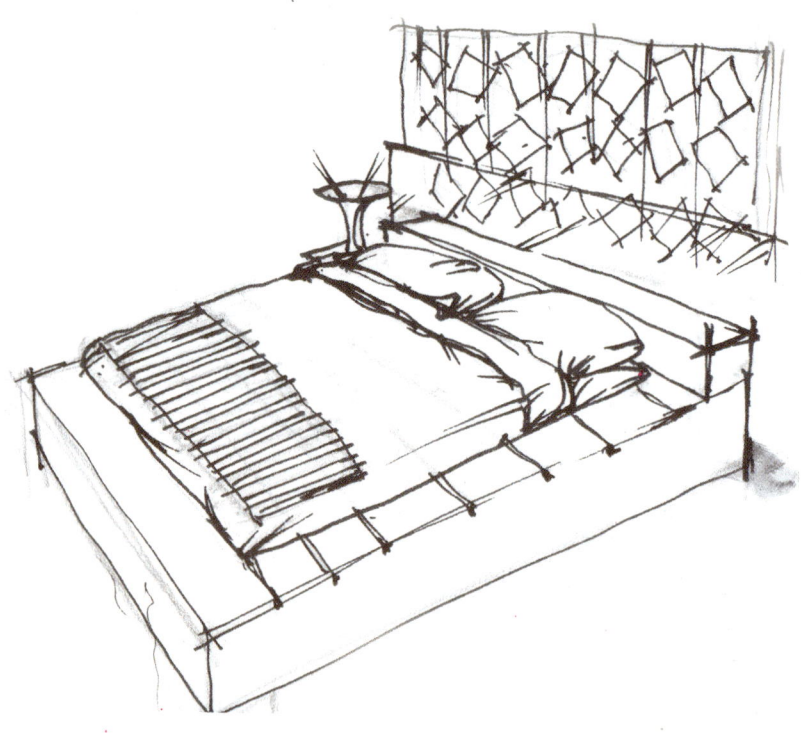

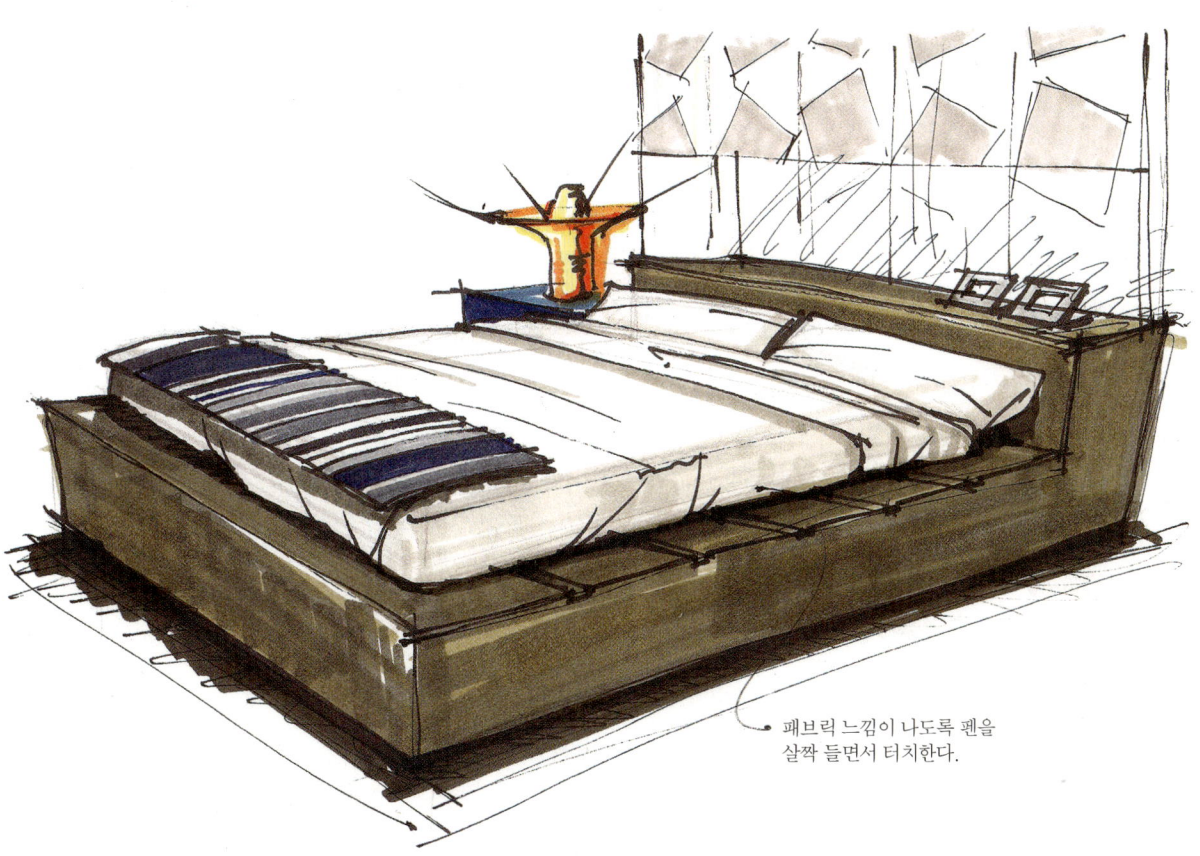

패브릭 느낌이 나도록 펜을
살짝 들면서 터치한다.

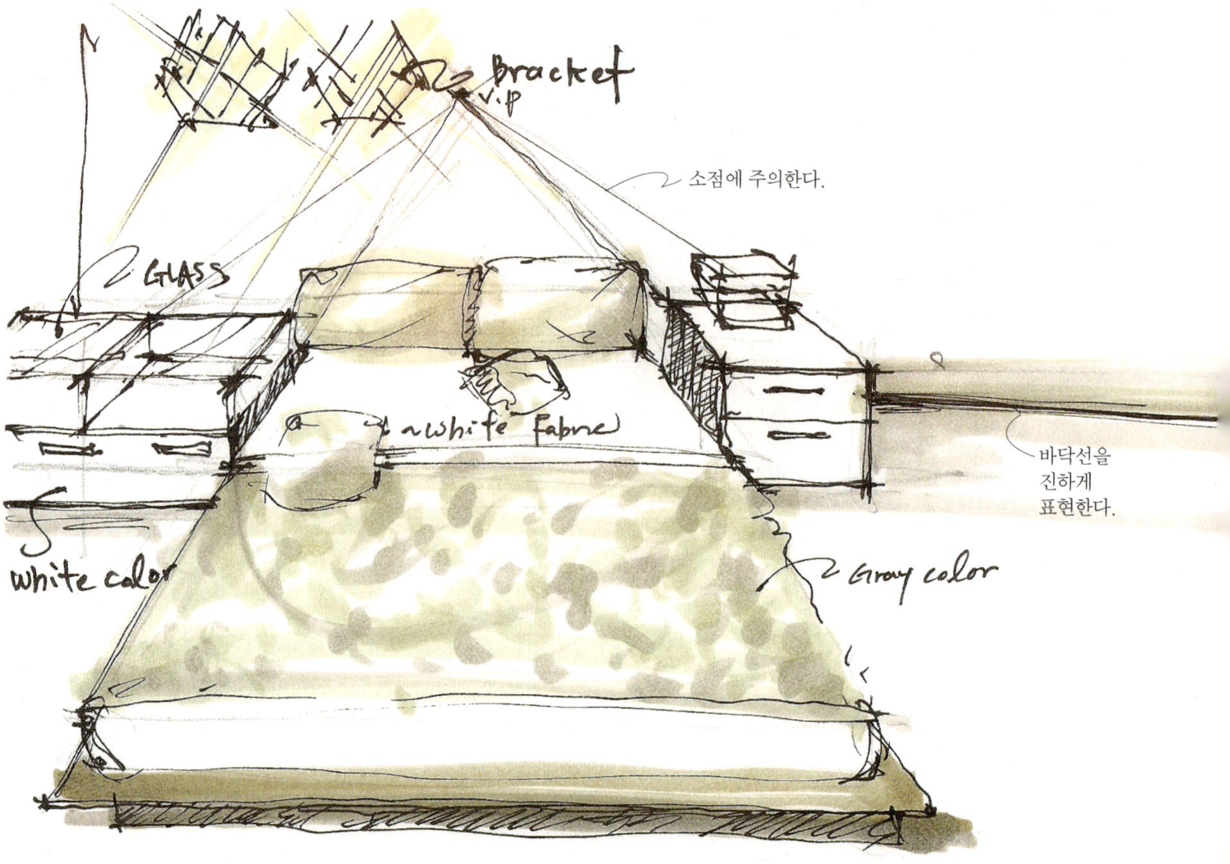

- Bracket v.p
- 소점에 주의한다.
- GLASS
- white fabric
- 바닥선을 진하게 표현한다.
- white color
- Gray color

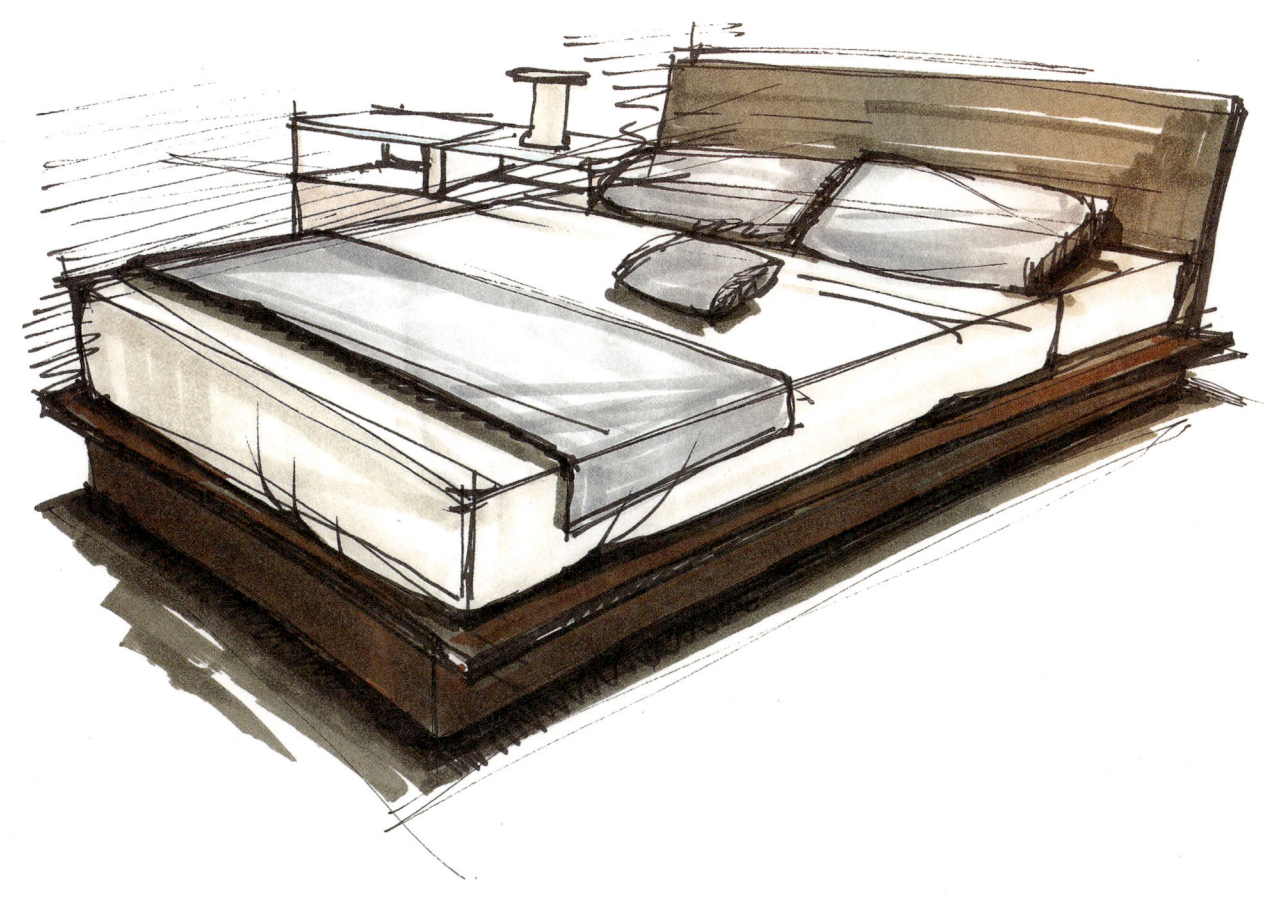

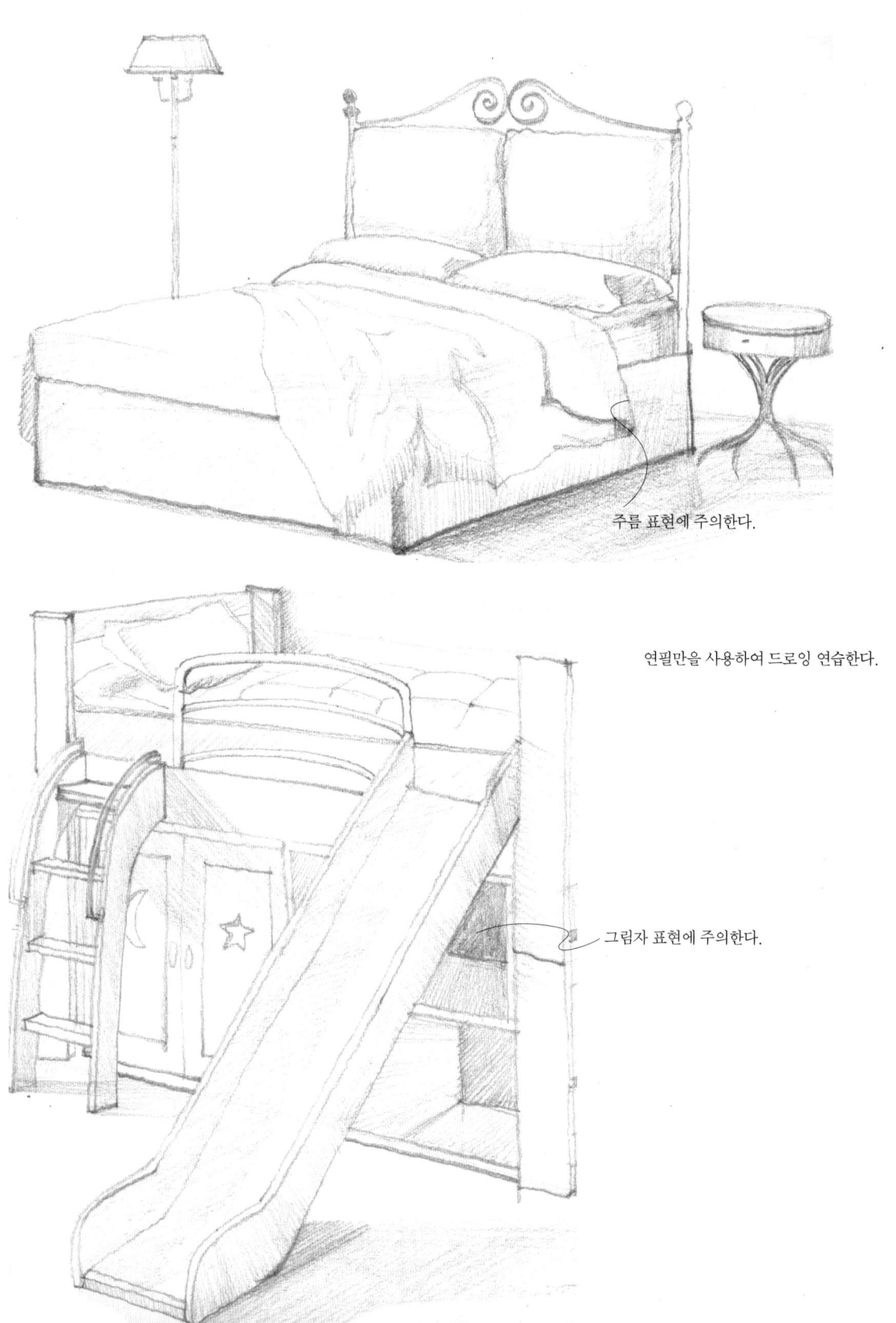

주름 표현에 주의한다.

연필만을 사용하여 드로잉 연습한다.

그림자 표현에 주의한다.

4. 소파 응용 표현

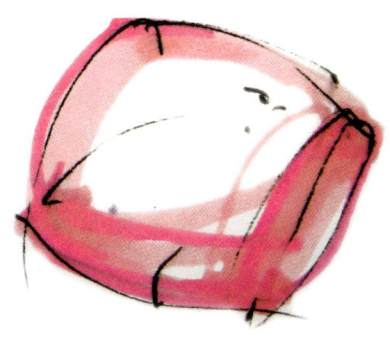

적절하지 못한 쿠션 표현법이다.
흰 여백 없이 모두 칠하면 답답해 보인다.

적절한 쿠션 표현법이다.
중앙부위에 흰 여백을 남겨서 푹신해 보이게 한다.

푹신한 느낌이 나도록
선을 약간 둥글게 그린다.

푹신해보이도록 선을 약간
둥글게 그리며, 컬러링도 선을
따라 여백을 주면서 터치한다.

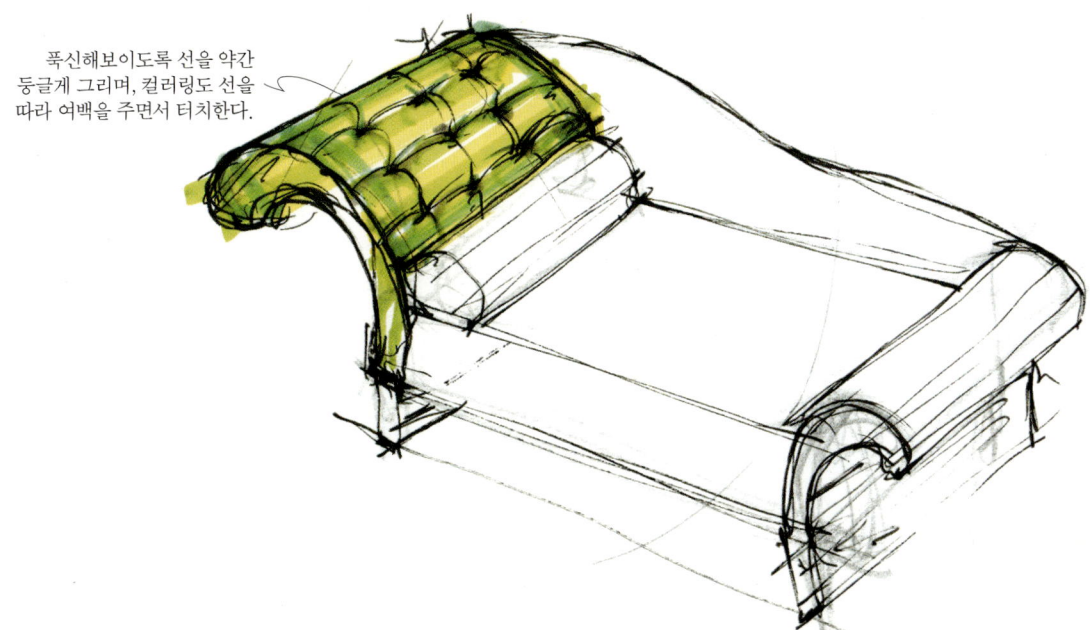

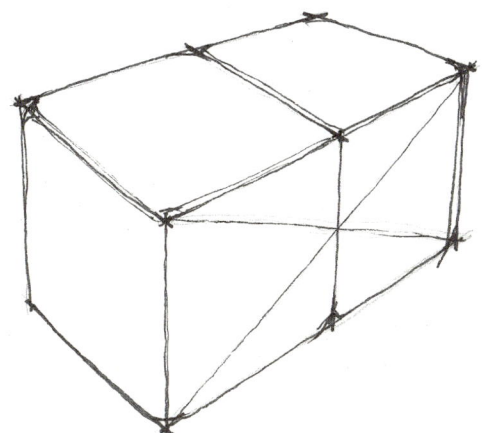

1. 비례에 맞게 그린 후 등분한다.

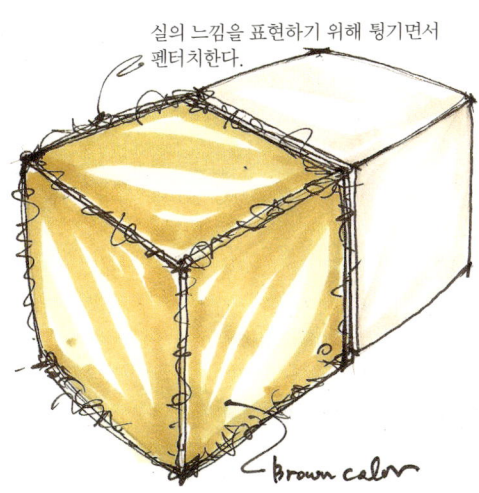

2. 펜터치한 후 밝은 색부터 컬러링한다.

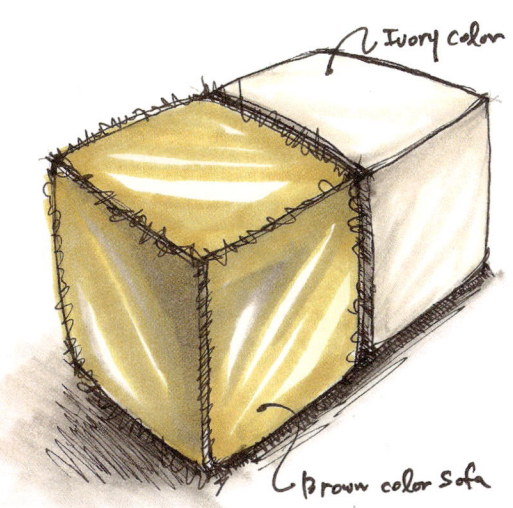

3. 펜터치에 유의하여 그림자 처리한다.

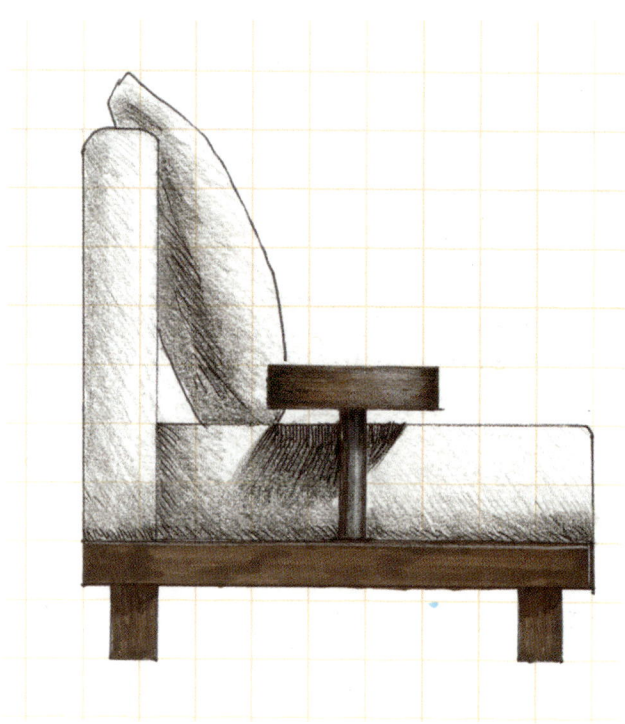

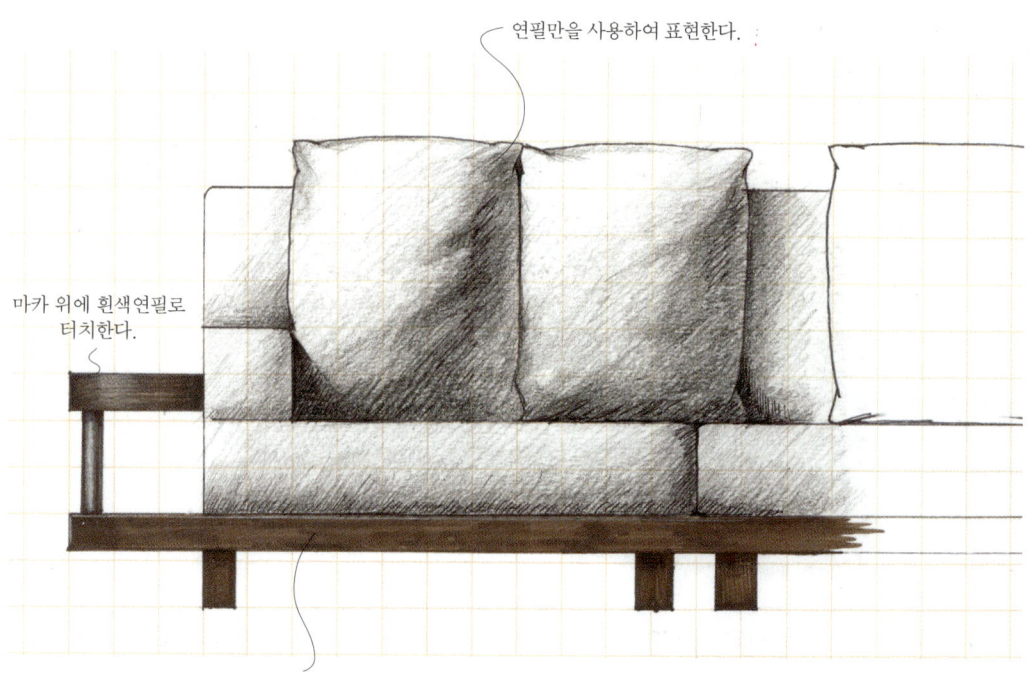

연필만을 사용하여 표현한다.

마카 위에 흰색연필로 터치한다.

'자'를 사용하여 마카로 터치한다.

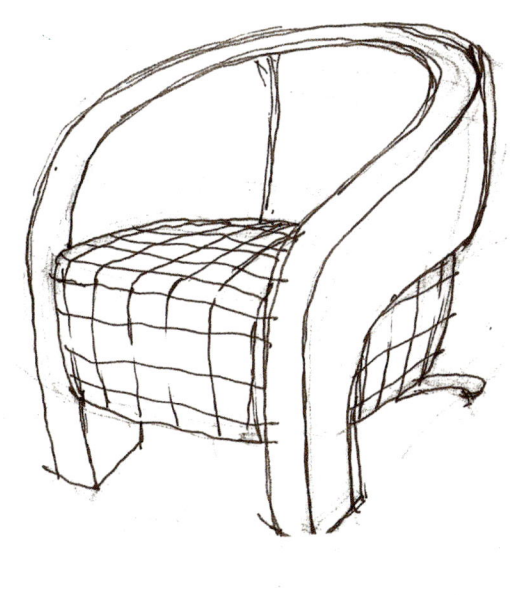

면을 정확하게 구분하기 위해 펜터치한다.

그림자 표현에 주의한다.

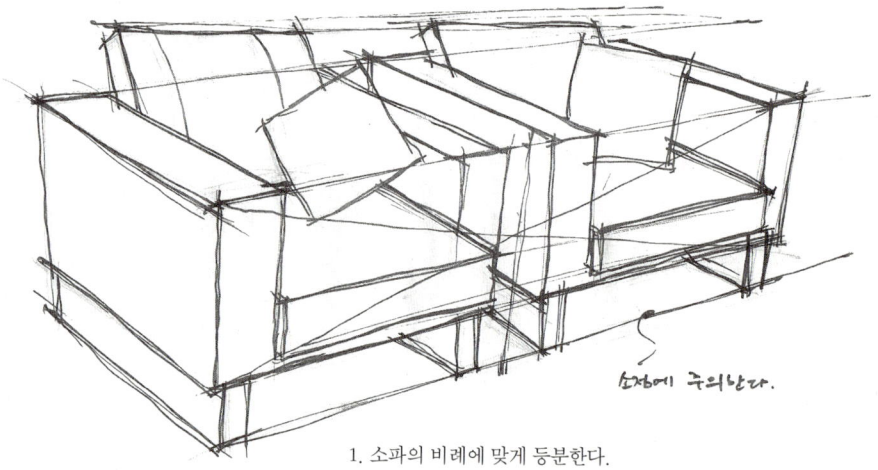

수정에 주의한다.

1. 소파의 비례에 맞게 등분한다.

패브릭 표현을 위해 라운딩 터치에 주의한다.

2. 펜터치한 후 여백을 살려서 밝은 색부터 컬러링한다.

3. 컬러링을 완성한 후 그림자 처리한다.

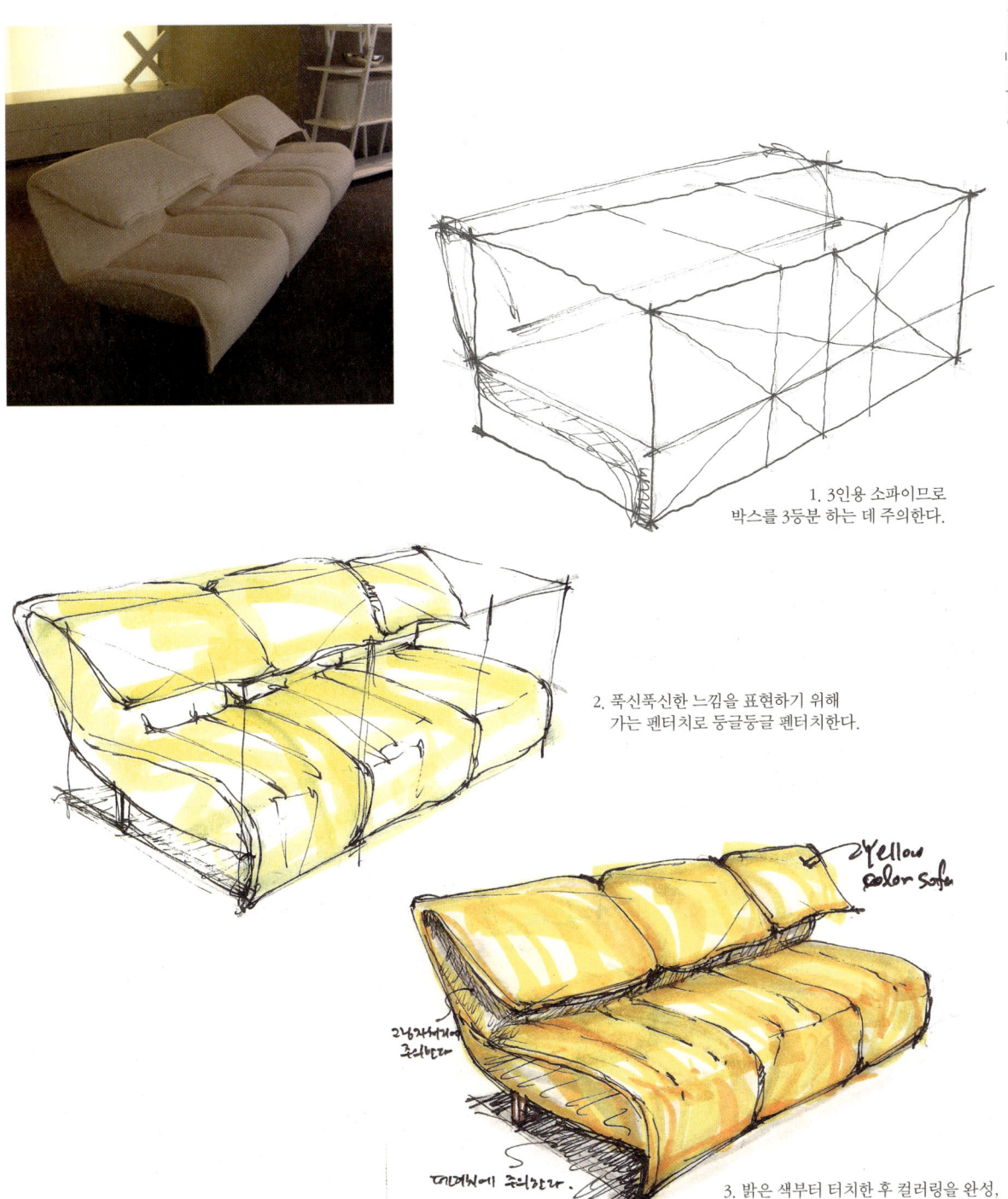

1. 3인용 소파이므로
박스를 3등분 하는 데 주의한다.

2. 푹신푹신한 느낌을 표현하기 위해
가는 펜터치로 둥글둥글 펜터치한다.

Yellow color sofa

그림자처리에
주의한다

대비에 주의한다.

3. 밝은 색부터 터치한 후 컬러링을 완성,
Warm Gray로 그림자 처리한다.

돌아가는 느낌이 나도록 아랫부분에 그림자 처리한다.

5. 의자 응용 표현

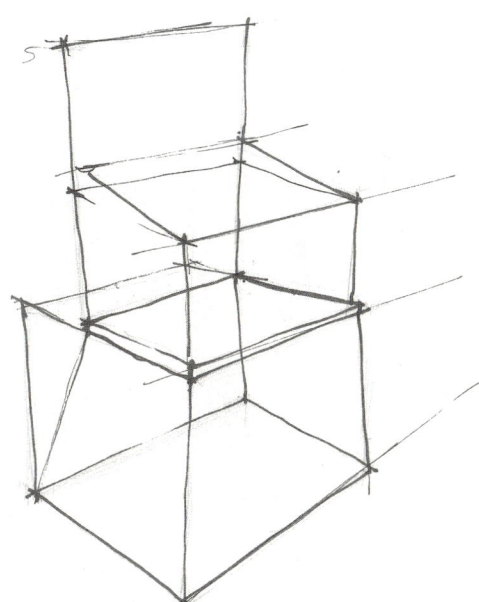

1. 박스형태의 외곽라인을 형성한다.

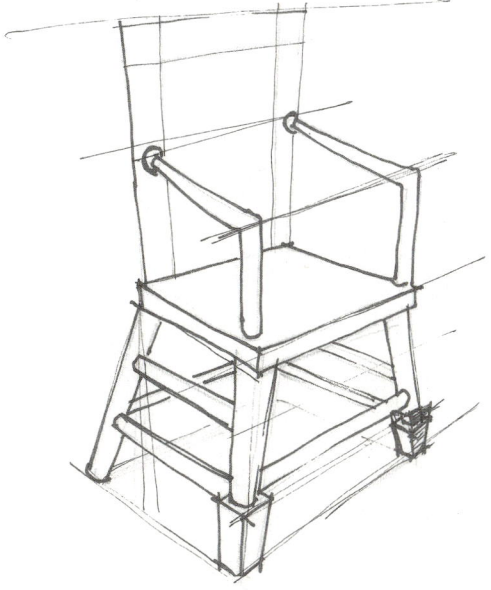

2. 의자의 비례에 맞게 등분한다.

3. 의자를 정확하게 스케치한 후 밝은 색부터 컬러링한다.

4. Warm Gray로 그림자 처리한다.

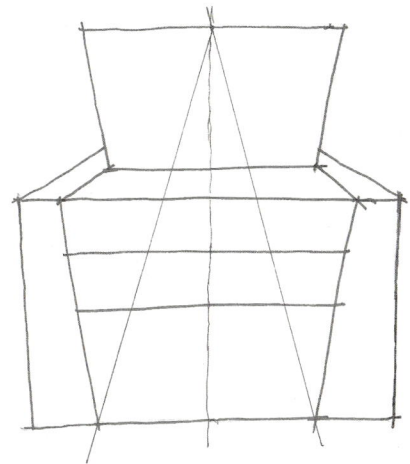

1. 대칭 형태의 의자가 되도록 비례에 주의한다.

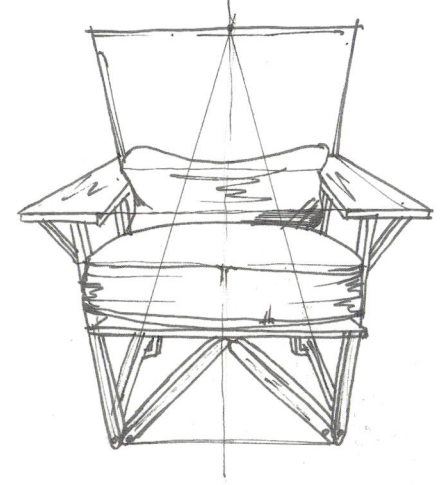

2. 패브릭을 표현하기 위해 펜터치한다.

3. 밝은 색부터 컬러링한다.

4. 따뜻한 컬러(Yellow, red) 톤의 사용으로 Warm Gray로 그림자 처리한다.

1. 비례에 맞게 박스형태를 그린다.

2. 밝은 색부터 컬러링한 후 브라운 컬러로 터치한다.

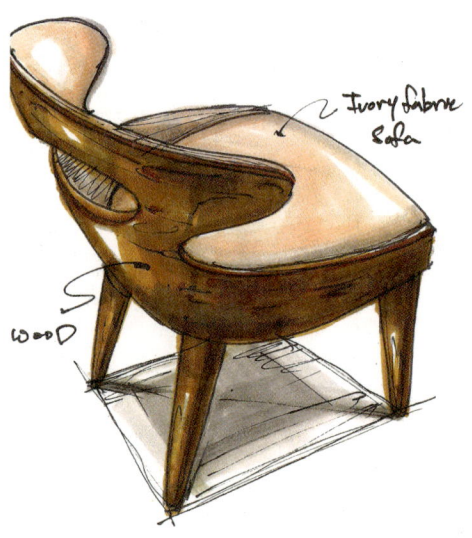

3. Warm Gray로 그림자 처리한다.

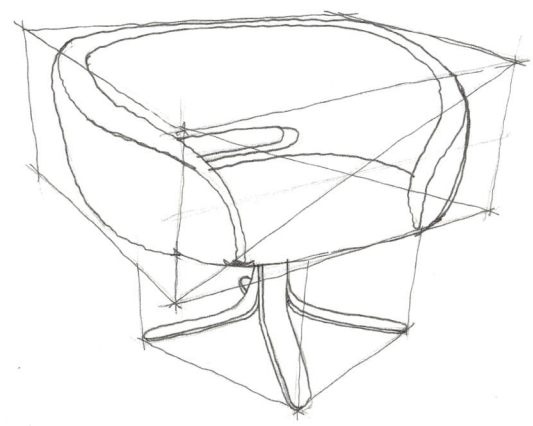

1. 박스형태의 외곽라인을 그린 후 비례에 맞게 등분한다.

2. 문양을 표현한 후 밝은 색부터 터치한다.

3. 컬러링 완성 후 그림자 처리한다.

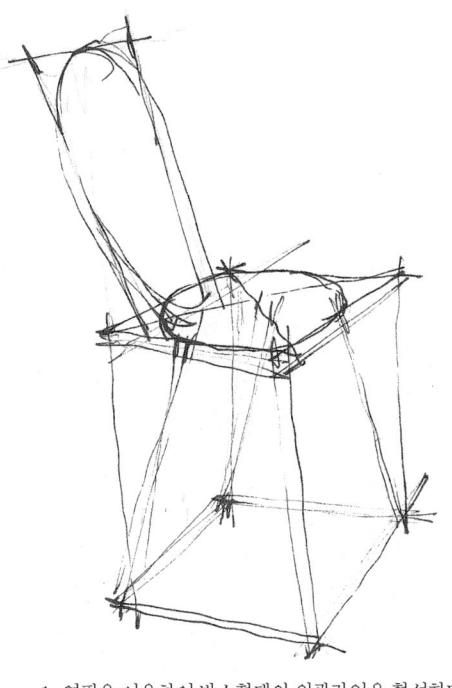

1. 연필을 이용하여 박스형태의 외곽라인을 형성한다.

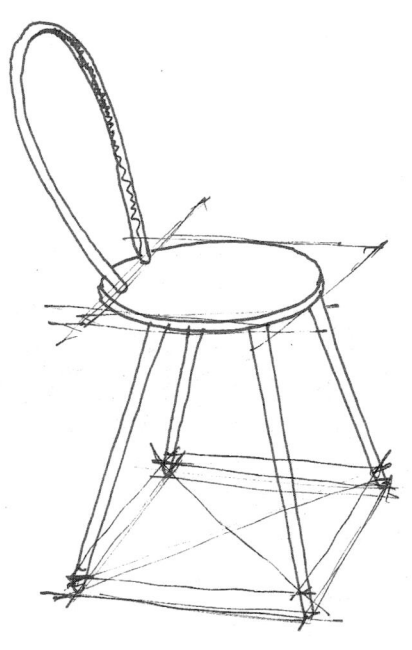

2. 물체의 비례에 맞게 등분한다.

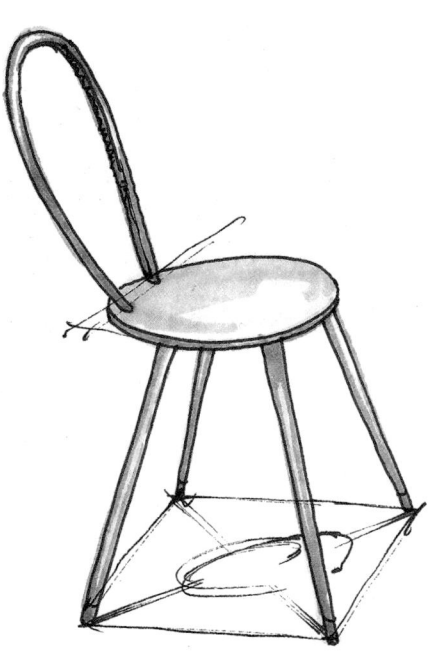

3. 펜으로 물체를 정확히 표현한 후 스틸느낌의 표현을 위해 밝은 Cool Gray부터 컬러링한다.

4. Cool Gray로 그림차 처리한다.

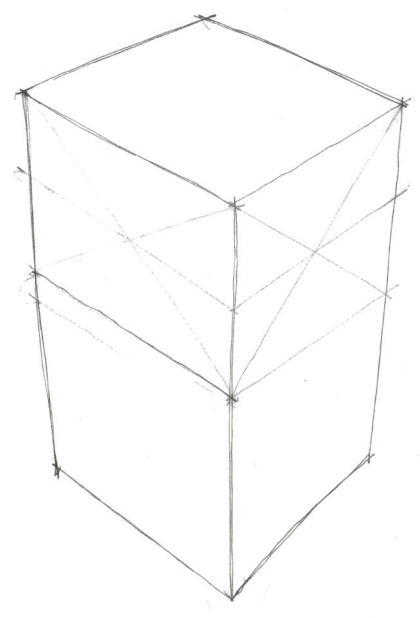

1. 박스형태의 외곽선을 형성한다.

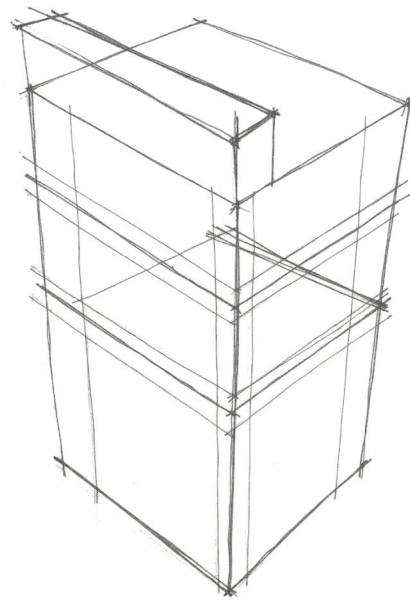

2. 의자 비례에 맞게 등분한다.

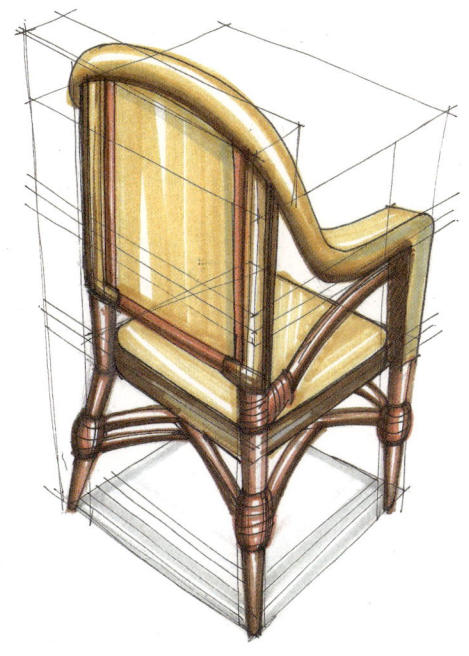

3. 밝은 색부터 컬러링한다.

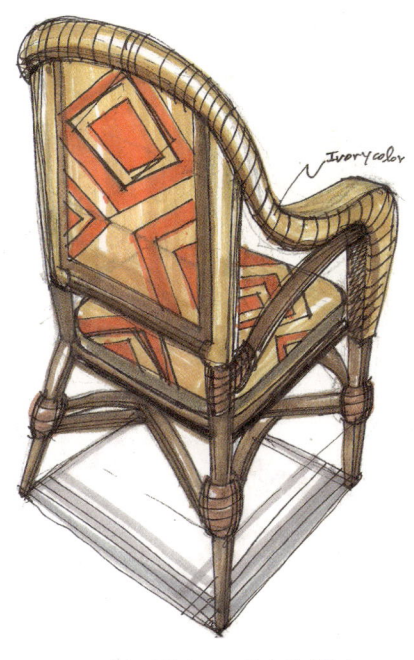

4. 문양을 표현하고, 그림자 처리한다.

소점에 주의한다.

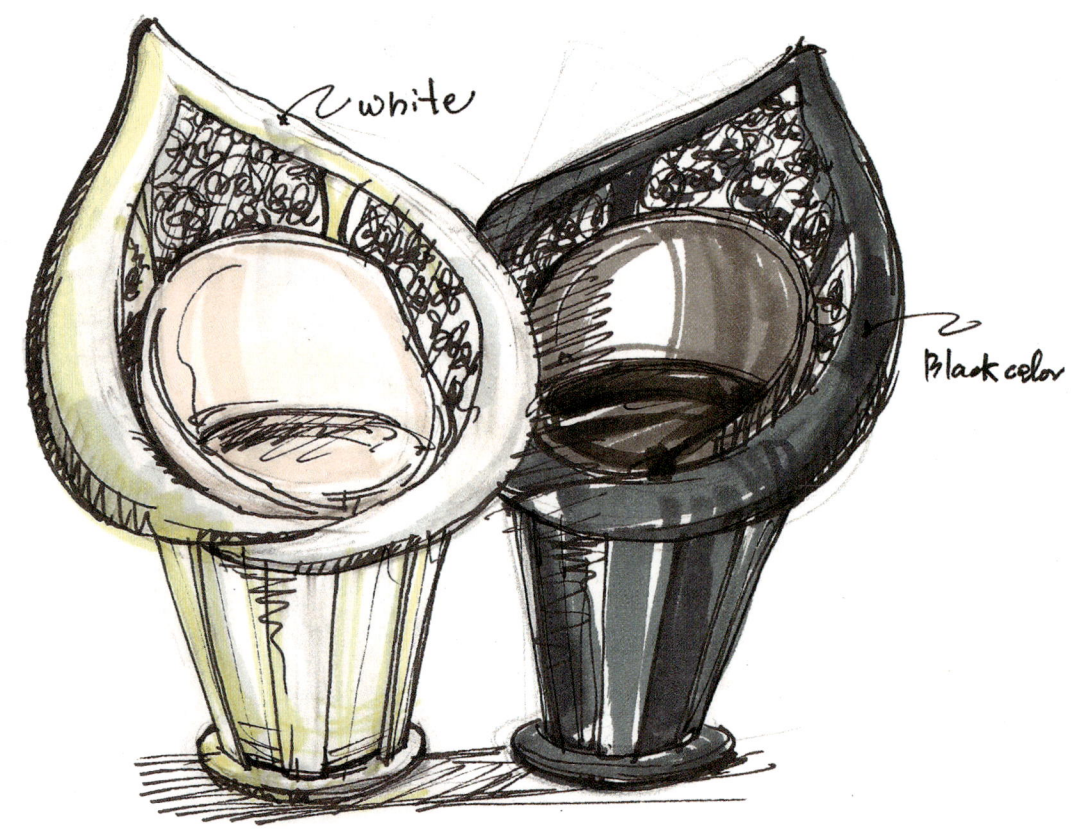

6. 기타 실내 건축 요소 응용 표현

- 소품 그리기

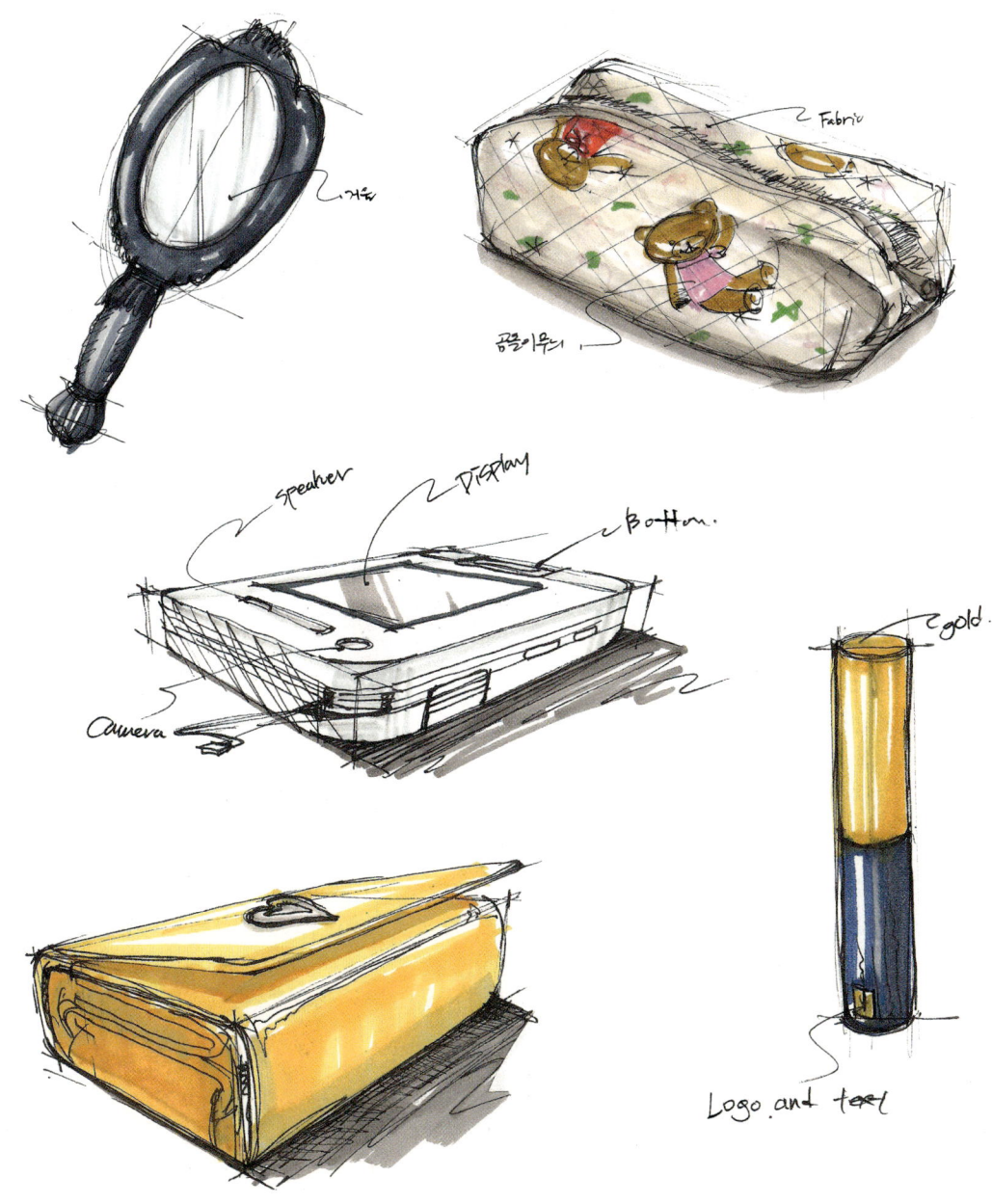

라운드 표현에 주의한다.

라운드 표현에 주의한다.

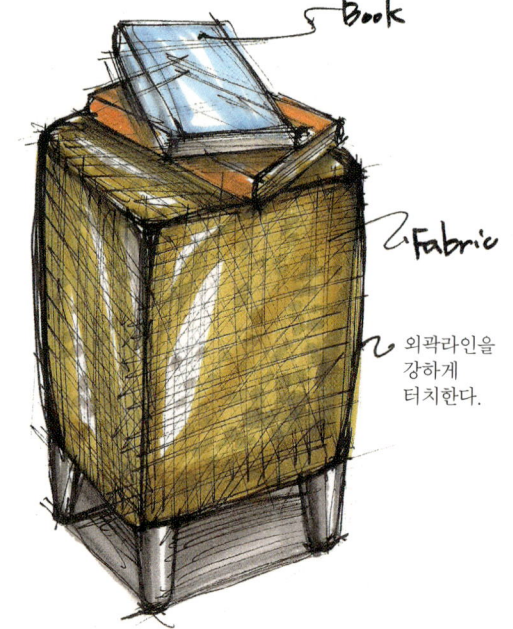
Book
Fabric
외곽라인을 강하게 터치한다.

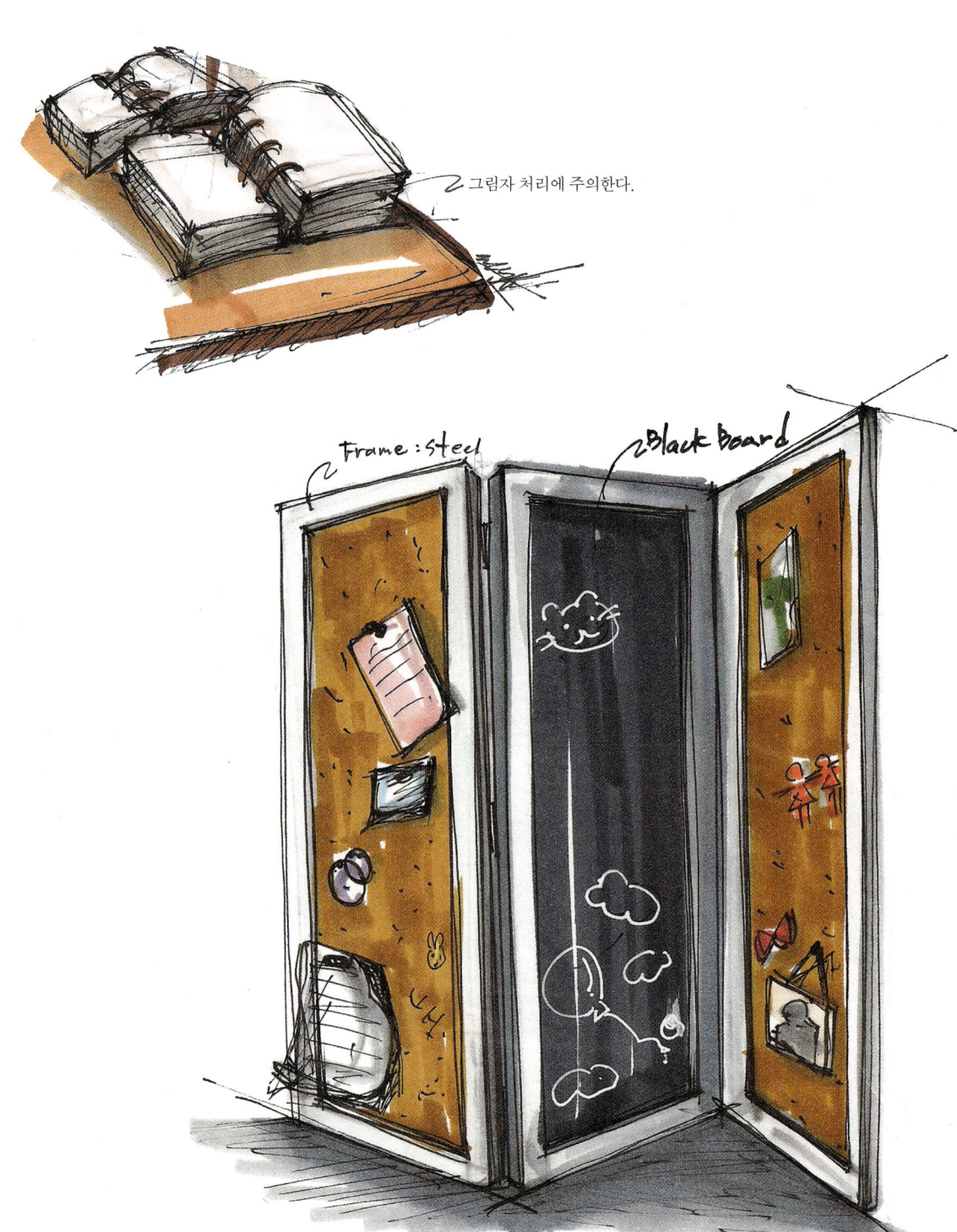

- 조명 그리기

1. 조명 스케일에 맞는 박스형태를 그린다.

펜터치에 주의한다.

2. 원 그리기에 주의한다.

3. 펜터치한 후 조명이 켜져 있는 느낌이 들도록
밝은 노란색 계열의 컬러를 사용한다.

- 수목 그리기

　수목 ⓐ, ⓑ, ⓒ, ⓓ가 빠른 스케치법으로는 가장 많이 그려지는 형태이다.

수목 ⓐ. 연필로 대략 삼각형의 형태를 그린 후, 펜을 튕기듯이 펜터치한 후 밝은 색부터 컬러링한다.

수목 ⓑ. 여러 컬러를 써서 표현하는 방법으로 펜을 살짝 들고 나뭇가지를 터치한 후, 밝은 색부터 점 형태로 터치한다.

수목 ⓒ. 펜을 살짝 들고 전체를 그린 후에 유사색(붉은 색 계통)들로 컬러링한다.

수목 ⓓ. 펜을 살짝 들고 전체를 그린 후에 핑크, 붉은 색, 보라색 순으로 컬러링한다.

1. 꽃잎 표현을 가는 펜으로 터치한다.

2. 밝은 색부터 컬러링한다.

펜터치에 주의한다.

3. 포인트 컬러를 사용하여 꽃잎을 표현한다.

1. 수목의 형태를 스케치한다.

2. 나뭇잎을 표현하기 위해 펜을 튕기듯이 터치한 후 유사계열의 밝은 색부터 컬러링한다.

3. 점점 진한색으로 터치한다.

- 커튼 그리기

소점에 주의한다.

주름부분이 풍성해
보이도록 그림자를 표현한다.

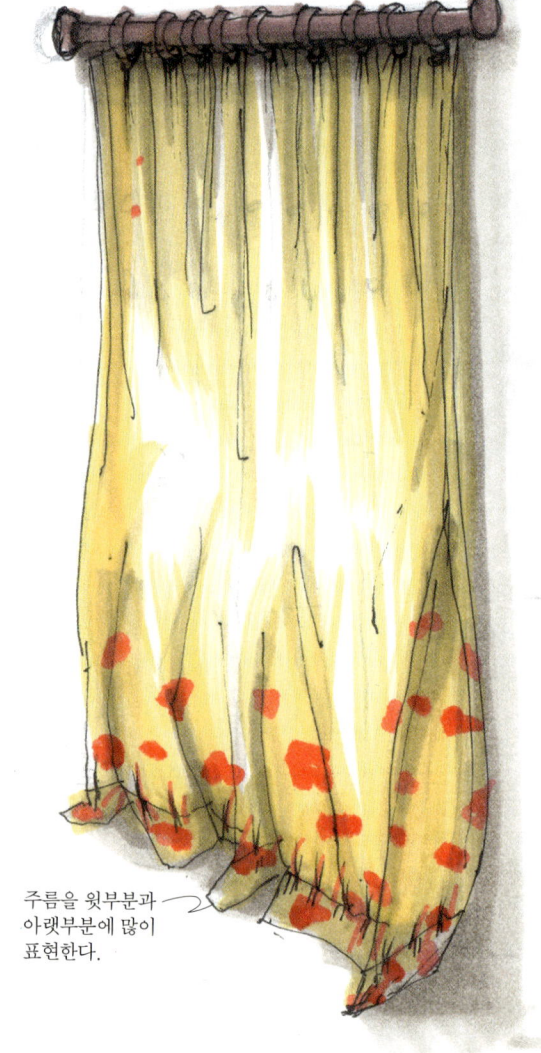

주름을 윗부분과
아랫부분에 많이
표현한다.

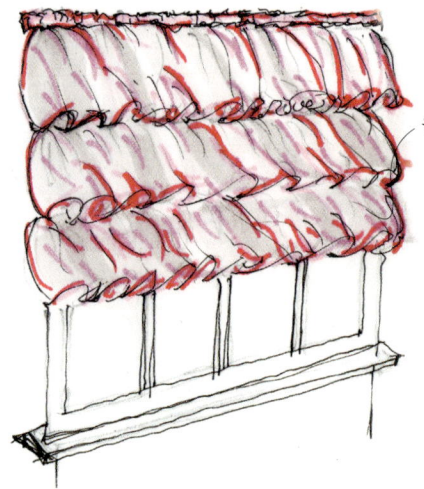

원단을 표현할 때는 펜을 살짝 들고 터치한다.

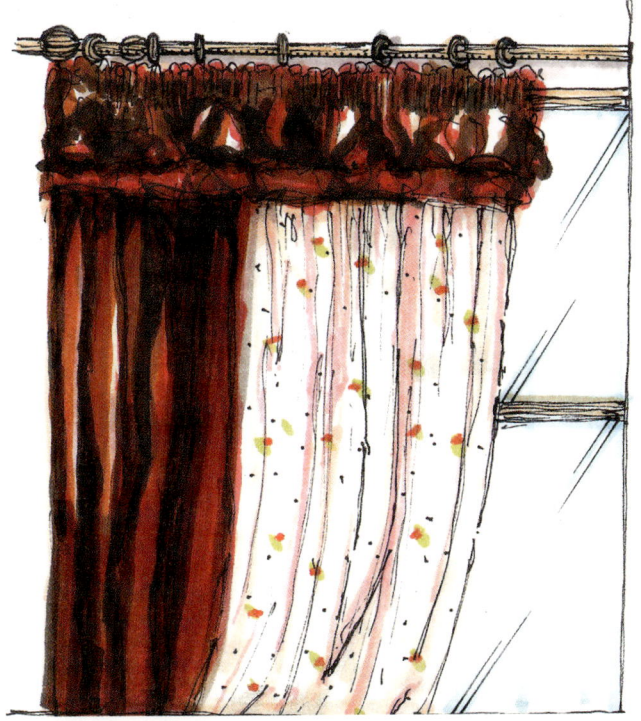

Special Tip

실제 사물 스케치

박스형 가구 그리기
1. 박스형태의 외곽라인을 형성한다.
2. 물체의 비례에 맞게 등분한다.
3. 드로잉 도구를 이용하여 물체를 정확이 그린 후 밝은 색부터 컬러링한다.
4. Gray 컬러로 그림자를 표현한다.

침대 그리기
1. 박스형태의 외곽라인을 형성한다.
2. 드로잉 도구를 이용하여 패브릭 느낌이 나도록 터치한다.
3. 유사계열의 컬러를 선택하여 밝은 색부터 컬러링한다.
4. Gray 컬러로 그림자를 표현한다.

소파 그리기
1. 박스형태의 외곽라인을 형성한다.
2. 비례에 맞게 등분(1,2,3인용)한다.
3. 주변가구와의 소점에 주의한다.
4. 드로잉 도구를 이용하여 패브릭 느낌이 나도록 여백을 살려서 터치한다.

의자 그리기
1. 박스형태의 외곽라인을 형성한다.
2. 비례에 맞게 등분한다.
3. 의자다리 표현시 동일한 사이즈로 표현한다.
4. 소파 밑 마감재(러그, 플로링 외) 표현시 질감 표현에 주의한다.

소품 그리기
1. 물체의 비례에 맞게 등분한다.
2. 재질의 특성을 살려 터치한 후 컬러링한다.
3. 지나치게 정밀하지 않도록 간략하게 스케치한다.

조명 그리기
1. 투시에 맞게 Box의 형태를 그린 후 조명의 형태를 만든다.
2. 펜터치한 후 조명이 켜져 있는 느낌이 들도록 밝은 노란색 계열의 컬러를 사용한다.
3. 빛의 방향 표현시 '자'를 사용한다.
4. 주변가구나 배경을 적절하게 표현한다.

수목 그리기
1. 드로잉 도구를 이용하여 수목의 형태를 스케치한다.
2. 나뭇잎이나 꽃잎 등을 펜을 튕기듯이 펜터치한 후 유사계열의 밝은 색부터 컬러링한다.
3. 컬러링은 점 형태로 자연스럽게 튕기면서 터치한다.

커튼 그리기
1. 창문의 소점에 맞게 커튼의 형태 스케치 작업시 소점에 유의한다.
2. 패브릭이 풍성해 보이도록 가는 펜으로 둥글게 튕기듯이 터치한다.
3. 주름 표현시 윗부분과 아랫부분에 중점을 두고 표현한다.
4. 유사색 계열의 밝은 색을 많이 사용하여 중간색을 풍성하게 한다.

가구+Deco
1. 배경과 가구와의 소점관계에 유의한다.
2. 전체적으로 밝은 색 컬러부터 터치한다.
3. 전반적인 컬러의 조화에 신경 쓴다.
4. 그림자 처리에 유의한다.

Chapter 4 _ 투시도 표현 기법

4_투시도 표현 기법

1. 투시도 정의 및 유의사항

- 투시도

일반적으로 퍼스팩티브(Perspective)라고 하며 실내공간의 평면, 입면, 천장면을 입체적으로 나타내어 한눈에 공간의 분위기와 성격을 파악할 수 있도록 한 도면이다.
투시도의 종류는 소점에 의해 1소점, 2소점, 3소점 투시도로 나뉜다.
1점 투시도는 소실점이 1개이며, 소실점이 물체에서 가까울수록 투시가 심해지며, 멀어질수록 투시가 적어진다.
2점 투시도는 소실점이 좌우 2개며, 두개의 소실점은 수평선상위에 놓여있어야 하며, 소실점이 물체에서 멀수록 공간은 완만하게 표현된다.
3점 투시도는 3개의 소실점이 있으며 3점투시에서는 대상물의 수직선 부분이 화면과 각도가 있게 된다.

- 투시도 작도법

① 평면도에서 투시도상에 표현하고자 하는 방향을 설정한다.
② 표현하고자 하는 벽면의 넓이와 높이를 그린다.
③ 바닥에서 1,500mm정도로 V.P(Vanishing Point)인 소실점을 정한다.
④ V.P를 따라 벽면을 작도하여 바닥, 벽, 천장을 구성한다.
⑤ S.P(Standing Point)는 내가 서있는 위치를 고려하여 바닥과 벽, 필요한 부분의 천장에 일정한 간격으로 그리드를 표시한다.
⑥ 가구나 집기의 위치를 바닥에 먼저 작도한다.
⑦ 각 가구의 모서리를 수직으로 세운 후 가구나 집기의 높이를 벽끝에서 찾아 형태를 만들어 준다.
⑧ 몰딩, 걸레받이, 커튼 등을 작도한다.
⑨ 마카를 이용하여 스케치를 위한 컬러링을 표현한다.

2. 1소점 기본 연습 A

① 표현하고자 하는 벽면의 넓이(4M)와 높이(3M)를 mm단위(4,000×3,000)로 표시한다.
② 바닥에서 1,500mm정도의 눈높이에서 V.P(소실점)를 정한다.
③ V.P(소실점)를 따라 벽면을 작도하여 바닥, 벽, 천장을 구성한다.
④ 바닥, 벽, 천장에 1mm간격의 그리드를 표시한다.
⑤ A와B는 바닥에 위치를 잡고, C는 벽면에 위치를 잡는다.
⑥ A와B를 수직으로 세운 후 좌·후 조정한 벽 끝에서 높이를 찾아 형태를 만든다.

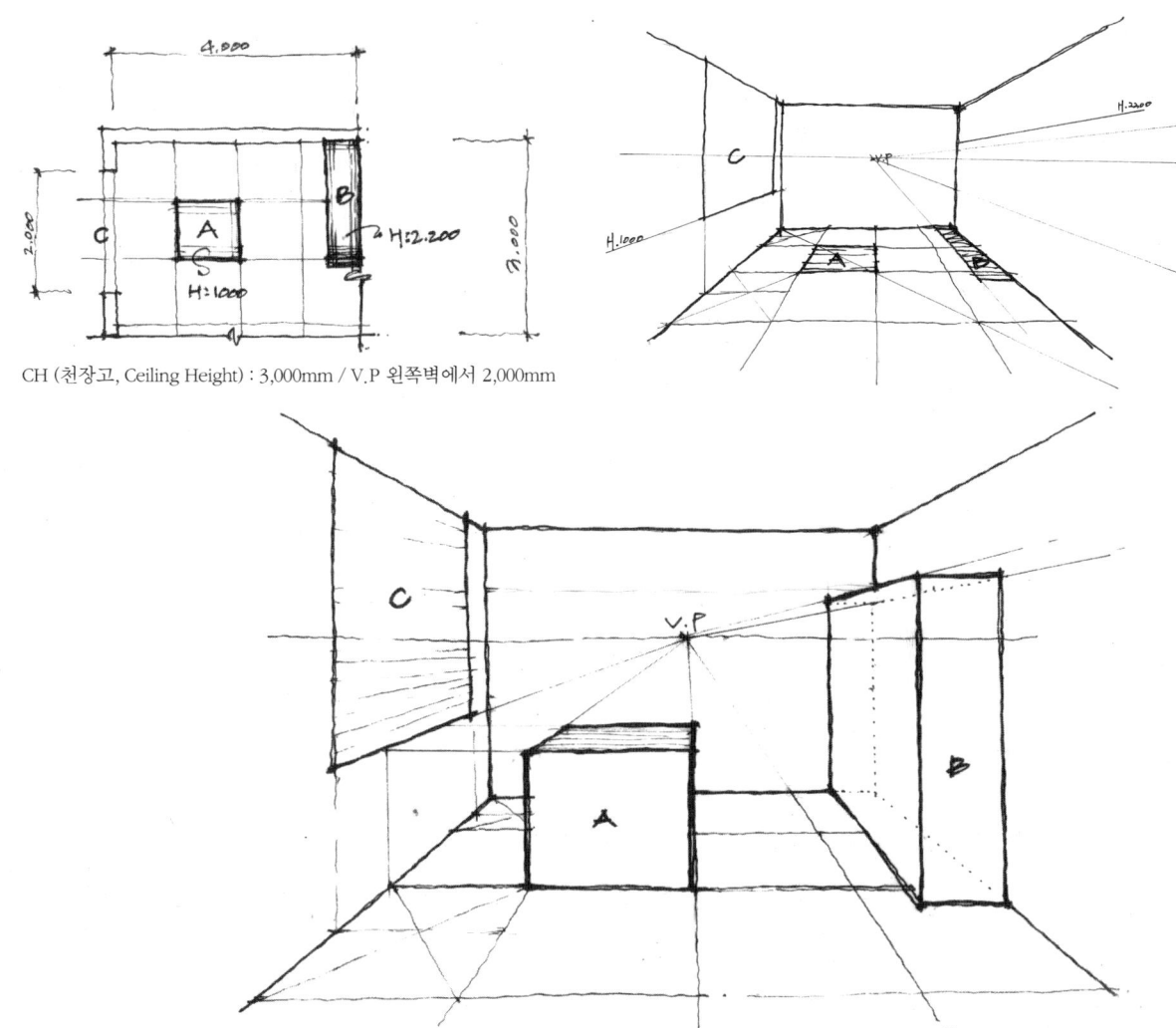

CH (천장고, Ceiling Height) : 3,000mm / V.P 왼쪽벽에서 2,000mm

1소점 기본 연습 B

① 표현하고자 하는 벽면의 넓이(5,000mm)와 높이(3,000mm)의 벽면을 그린다.
② 바닥에서 1,500mm정도의 눈높이에서 V.P(소실점)를 정한다.
③ V.P(소실점)를 따라 벽면을 작도하여 바닥, 벽, 천장을 구성한다.
④ 바닥, 벽, 천장에 1mm간격의 그리드를 표시한다.
⑤ A는 천장에 위치를 잡고, B, C, D는 바닥에 위치를 잡는다.
⑥ A는 수직으로 내린 후 벽 끝에서 높이를 찾고, B, C, D는 수직으로 세운 후 벽 끝에서 높이를 찾아 형태를 만든다.

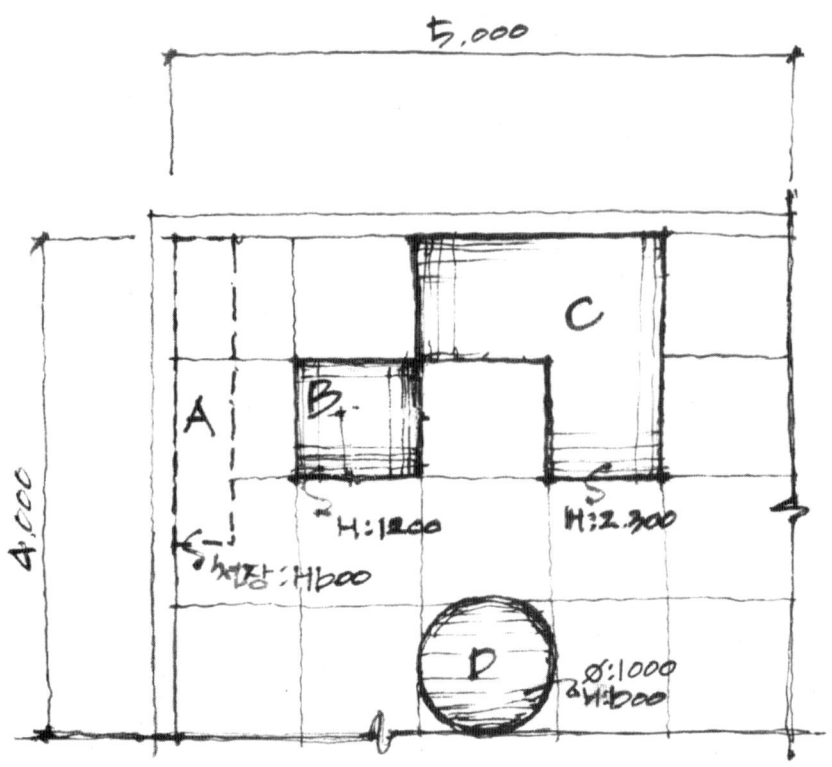

CH (천장고, Ceiling Height) : 3,000mm / V.P 왼쪽벽에서 3,500mm

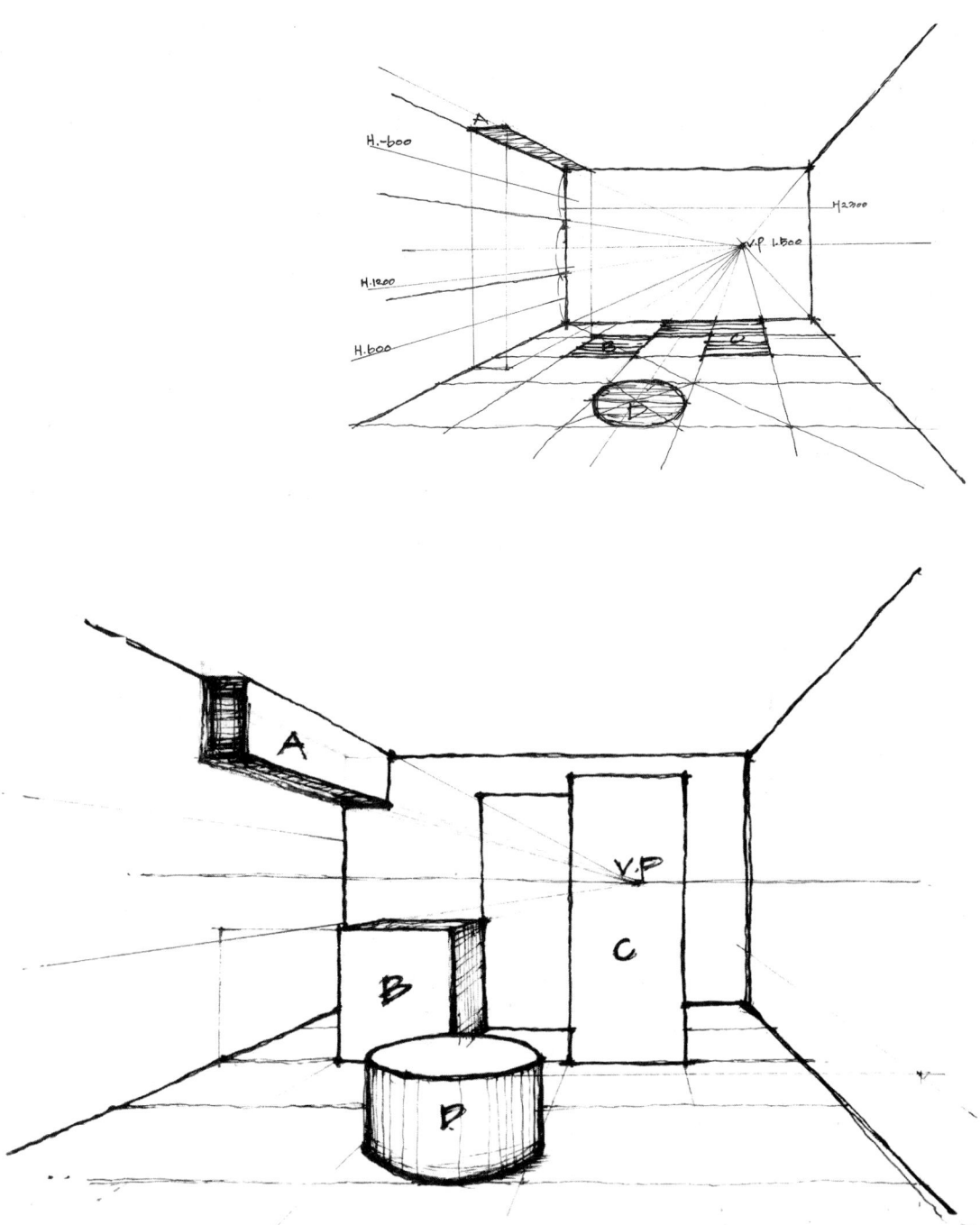

3. 1소점 응용 표현 연습 I

컬러링을 시작하기 전에 원본을 다른 마카지에 복사하여 사용한다.
만약, 컬러링에 실패하더라도 원본은 남아있어 다시 시도할 수 있다.

FLOOR PLAN

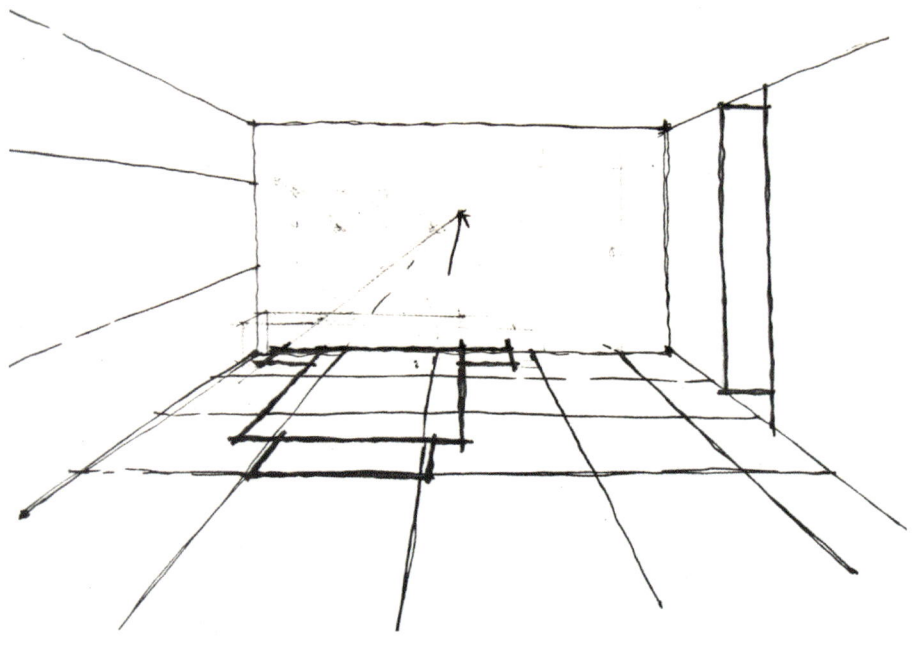

평면에 맞는 공간을 구성한 후 바닥에 가구를 표시한다.   과정 1

가구의 높이를 결정한 후 형태를 만든다.   과정 2

밝은 색부터 컬러링한다.   과정 3

완성 1

완성 2

완성 3

1소점 응용 표현 연습 Ⅱ

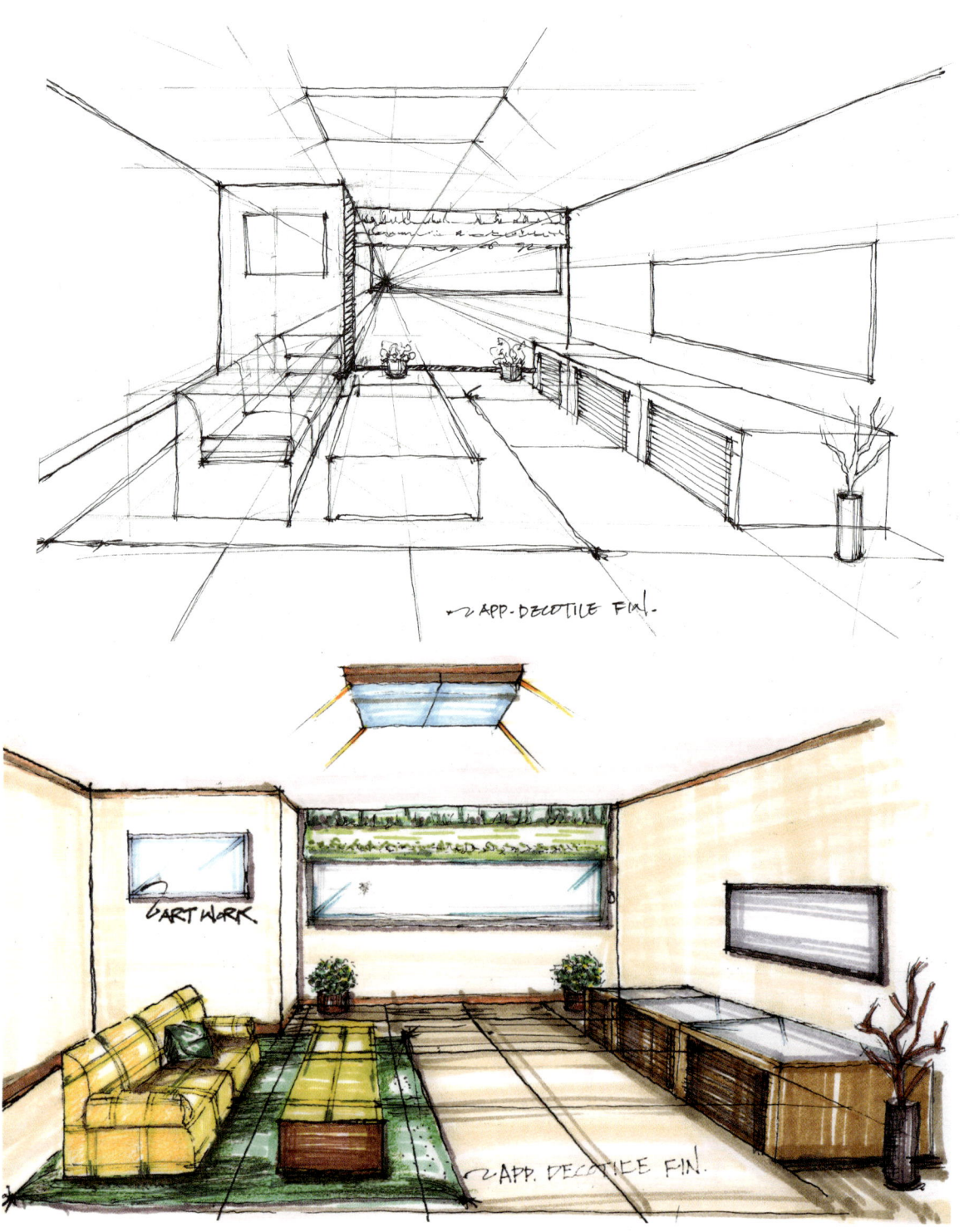

완성 1

FLOOR PLAN

완성 2

1소점 응용 표현 연습 Ⅲ

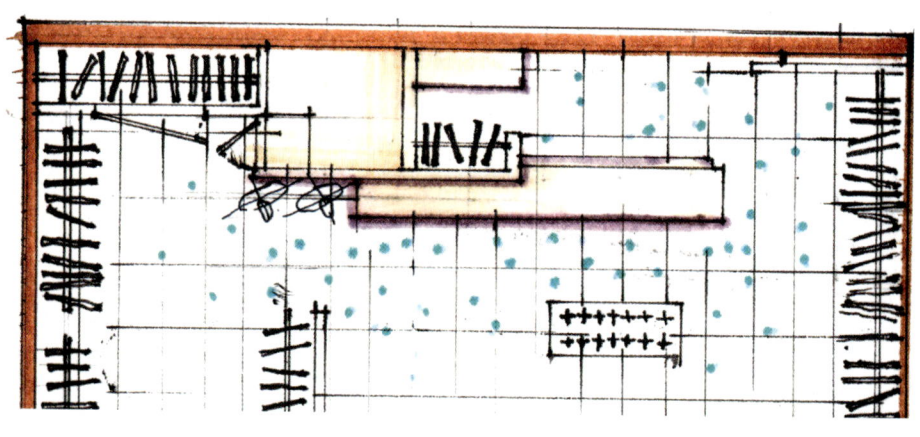

FLOOR PLAN

1소점 응용 표현 연습 Ⅳ

소점에 맞게 가구의 위치를 잡고 장식장 매입 부분에 주의하여 그린다.　　과정 1

밝은 색부터 컬러링하고, 그림자 부분에 적당히 펜터치한다.　　과정 2

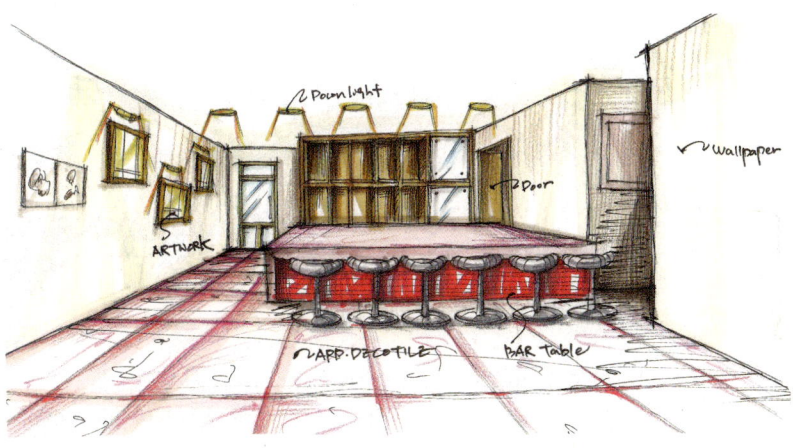

완성

1소점 응용 표현 연습 V

FLOOR PLAN

완성 1

완성 2

1소점 응용 표현 연습 Ⅵ

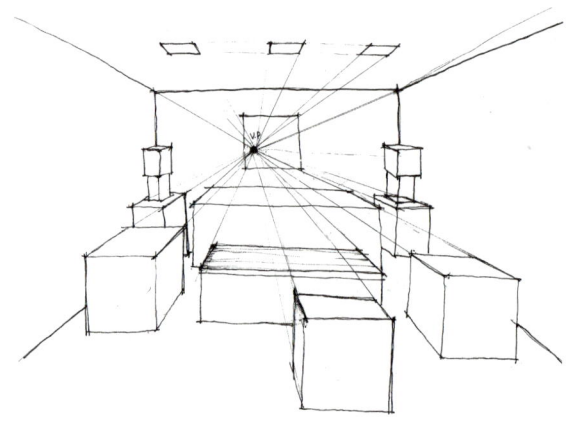

소점에 맞게 가구의 위치를 정한 후 가구 높이를 정한다.   과정 1

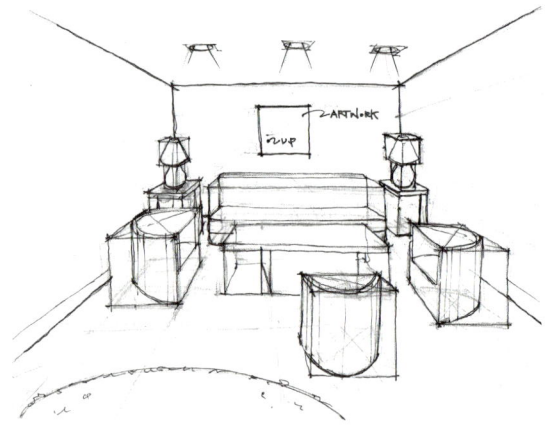

가구와 소품의 형태를 그린다.   과정 2

완성 1

완성 2

4. 2소점 기본 연습 A

① 표현하고자 하는 두 벽의 높이를 3,000mm으로 한 후 좌, 우 양끝에 (바닥에서 1,500mm 정도) V.P1, V.P2의 두 점을 정한다.
② V.P(소실점)를 따라 벽면을 작도하여 바닥, 벽, 천장을 구성한다.
③ 바닥, 벽, 천장에 1mm간격의 그리드를 표시한다.
④ 천장고에 맞춰 높이를 조정한다.
⑤ A와 B는 바닥에 위치를 잡고, C는 벽면에 위치를 잡는다.
⑥ A와 B를 수직으로 세운 후 물체와 가까운 벽 끝에서 높이를 찾은 후 V.P1, V.P2의 두 점을 이용하여 형태를 만든다.

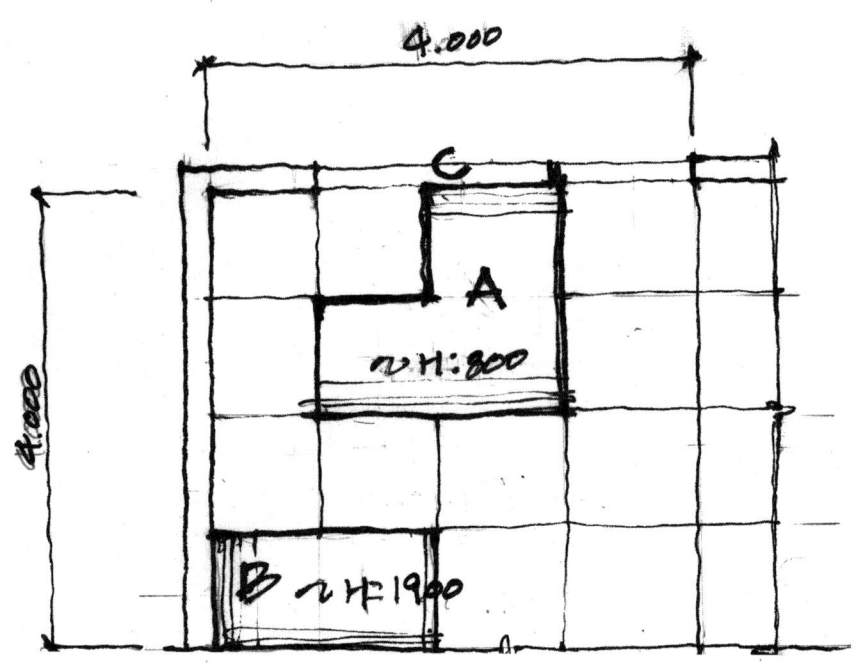

CH (천장고, Ceiling Height) : 3,000mm

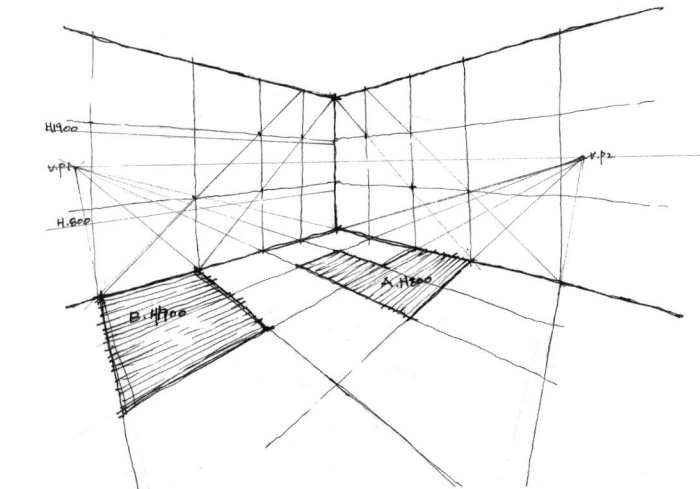
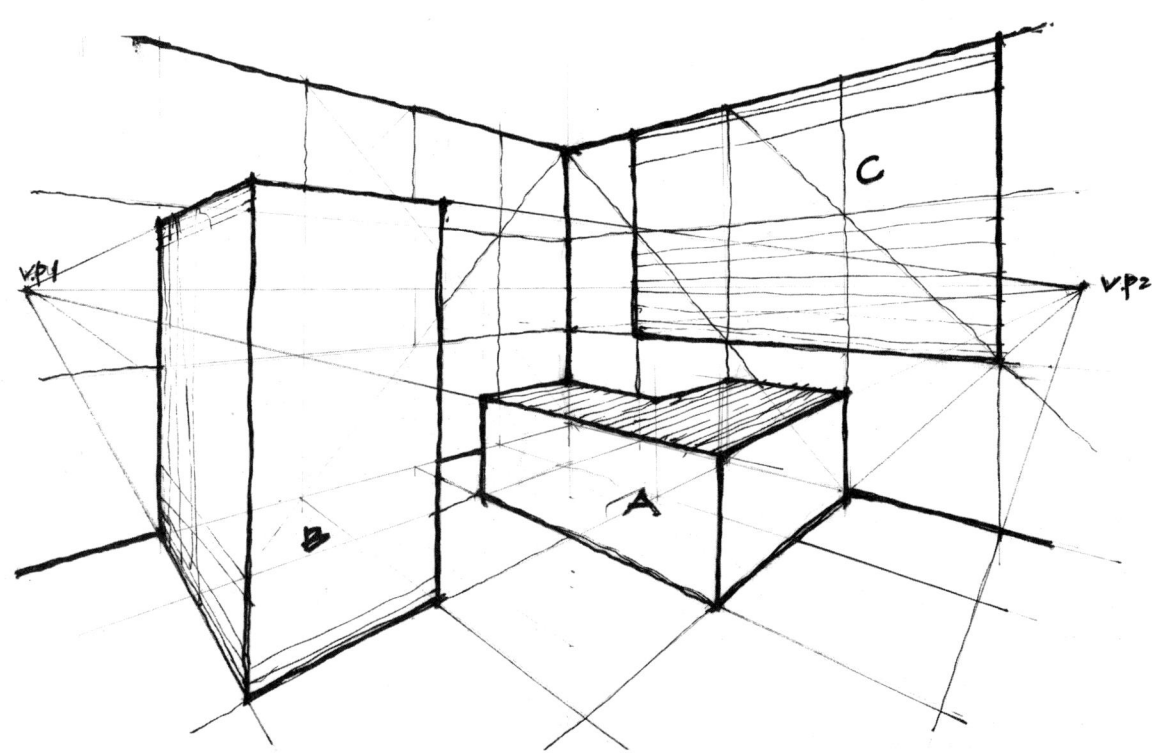

2소점 기본 연습 B

① 표현하고자 하는 두 벽의 높이를 3,000mm으로 한 후 좌, 우 양끝에 (바닥에서 1,500mm 정도) V.P1, V.P2의 두 점을 정한다.
② V.P(소실점)를 따라 벽면을 작도하여 바닥, 벽, 천장을 구성한다.
③ 바닥, 벽, 천장에 1mm간격의 그리드를 표시한다.
④ 천장고에 맞춰 높이를 조정한다.
⑤ A, B, C는 바닥에 위치를 잡고, D는 벽면과 바닥에 위치를 잡는다.
⑥ A, B, C를 수직으로 세운 후 벽 끝에서 높이를 찾은 후 V.P1, V.P2의 두 점을 이용하여 형태를 만들고, D는 통로처럼 보일 수 있도록 바닥 끝선이 오른쪽 소점에 맞춰 이동한다.

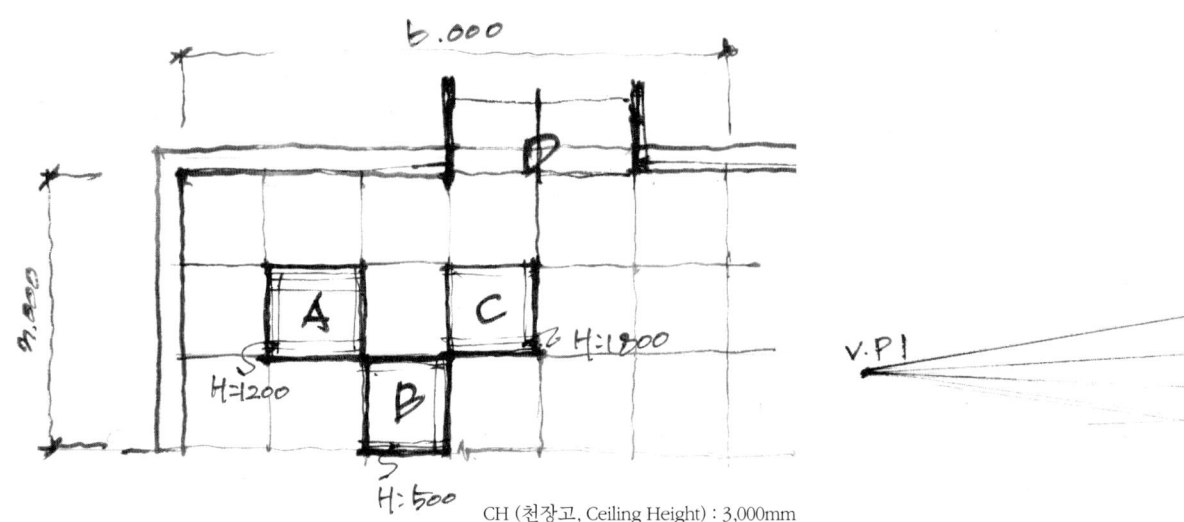

CH (천장고, Ceiling Height) : 3,000mm

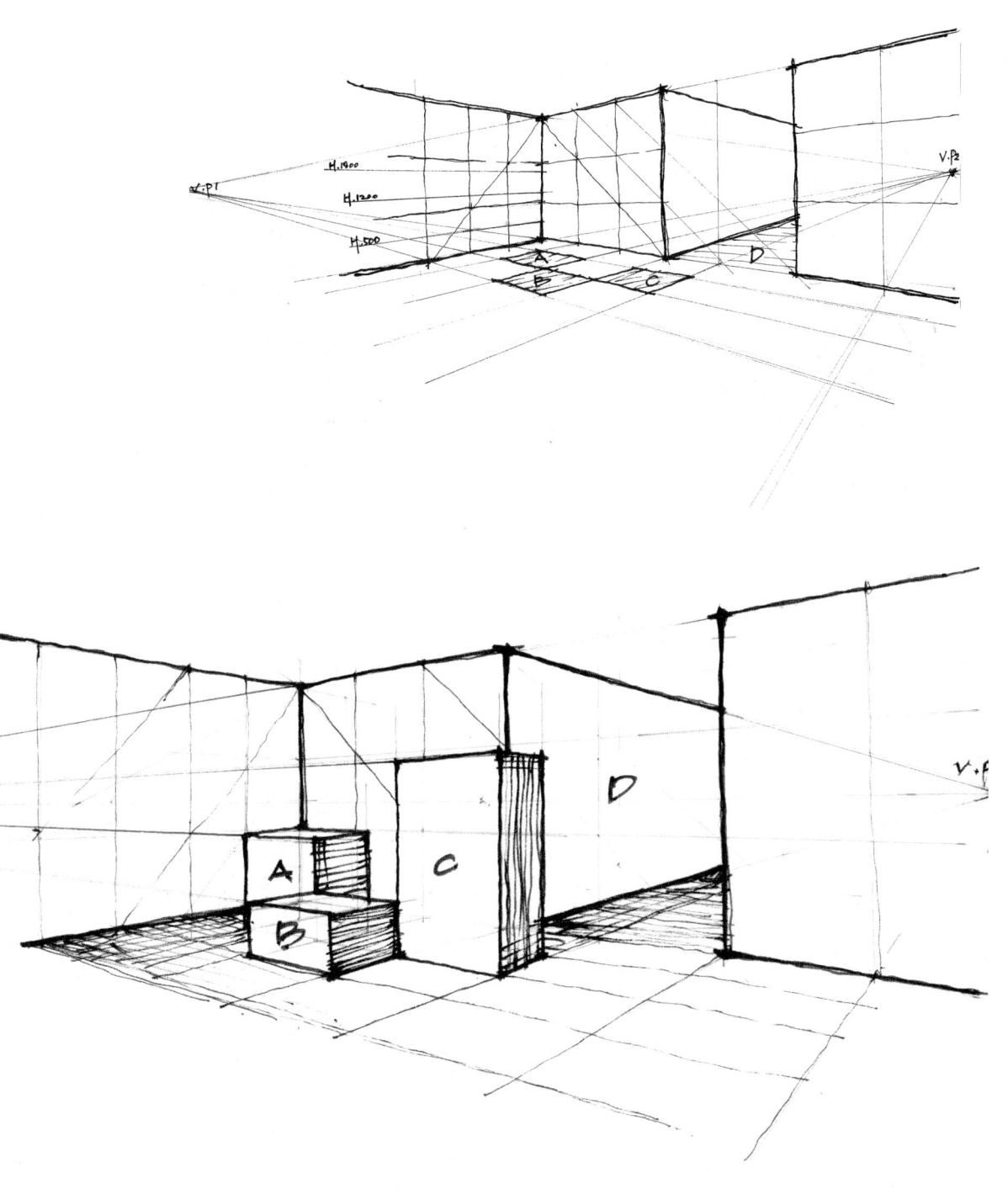

5. 2소점 응용 표현 연습 I

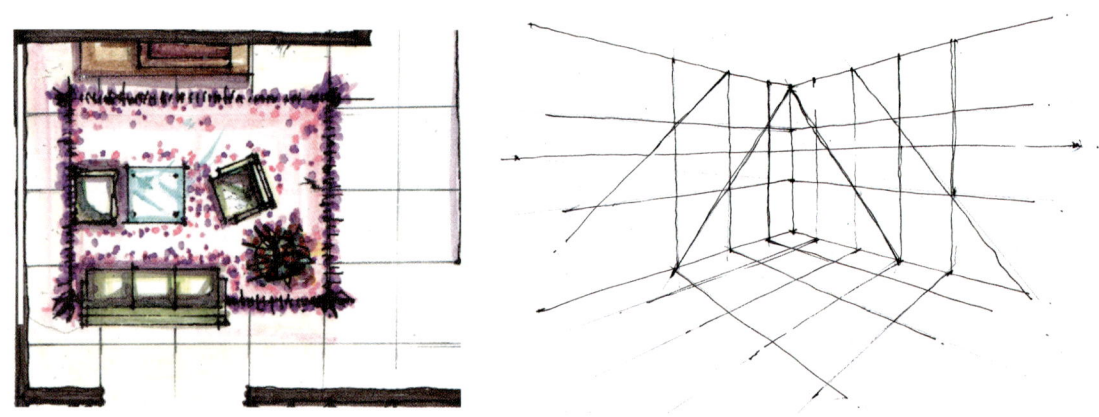

FLOOR PLAN   높이 3M인 평면에 맞는 공간을 만든 후 벽과 바닥에 그리드 표시한다. 과정 1

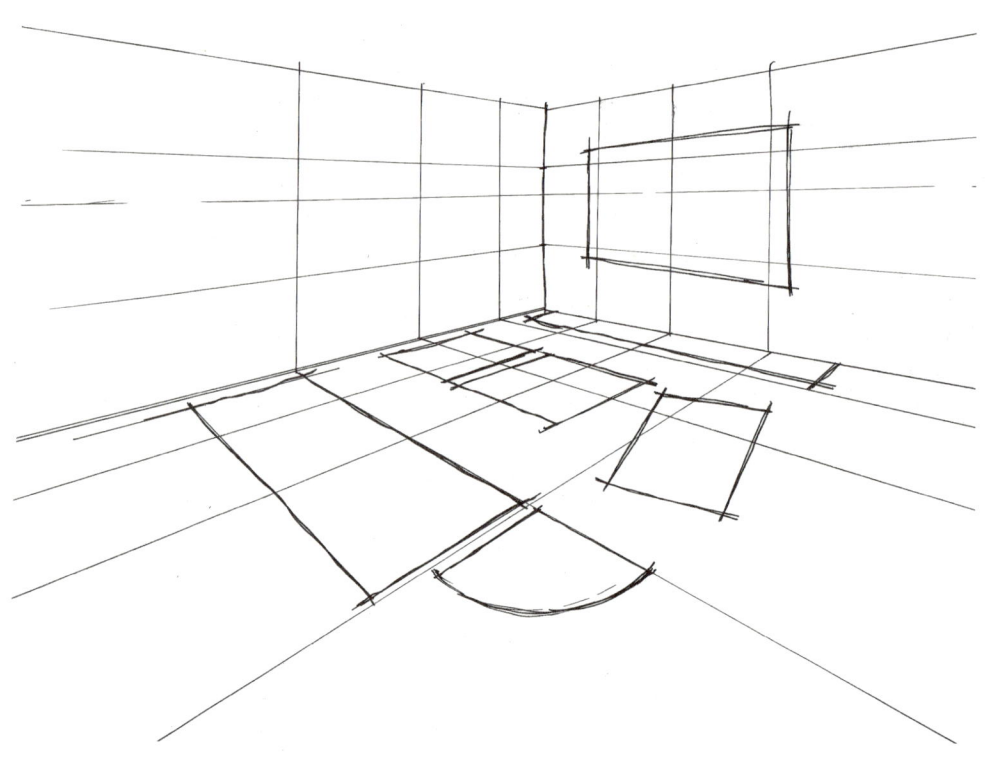

천장고를 2,500mm로 그린 후 바닥에 가구를 표시한다.   과정 2

밝은 색부터 컬러링한다.　　　　　　　　　　　　　　　　　과정 3

완성 1

완성 2

2소점 응용 표현 연습 II

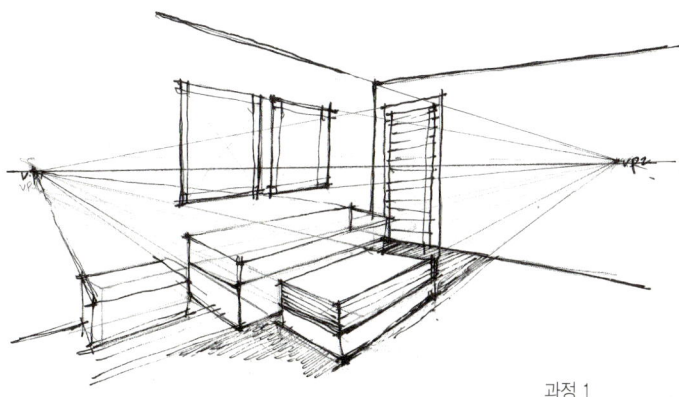

과정 1

과정 2

완성 1

완성 2

2소점 응용 표현 연습 Ⅲ

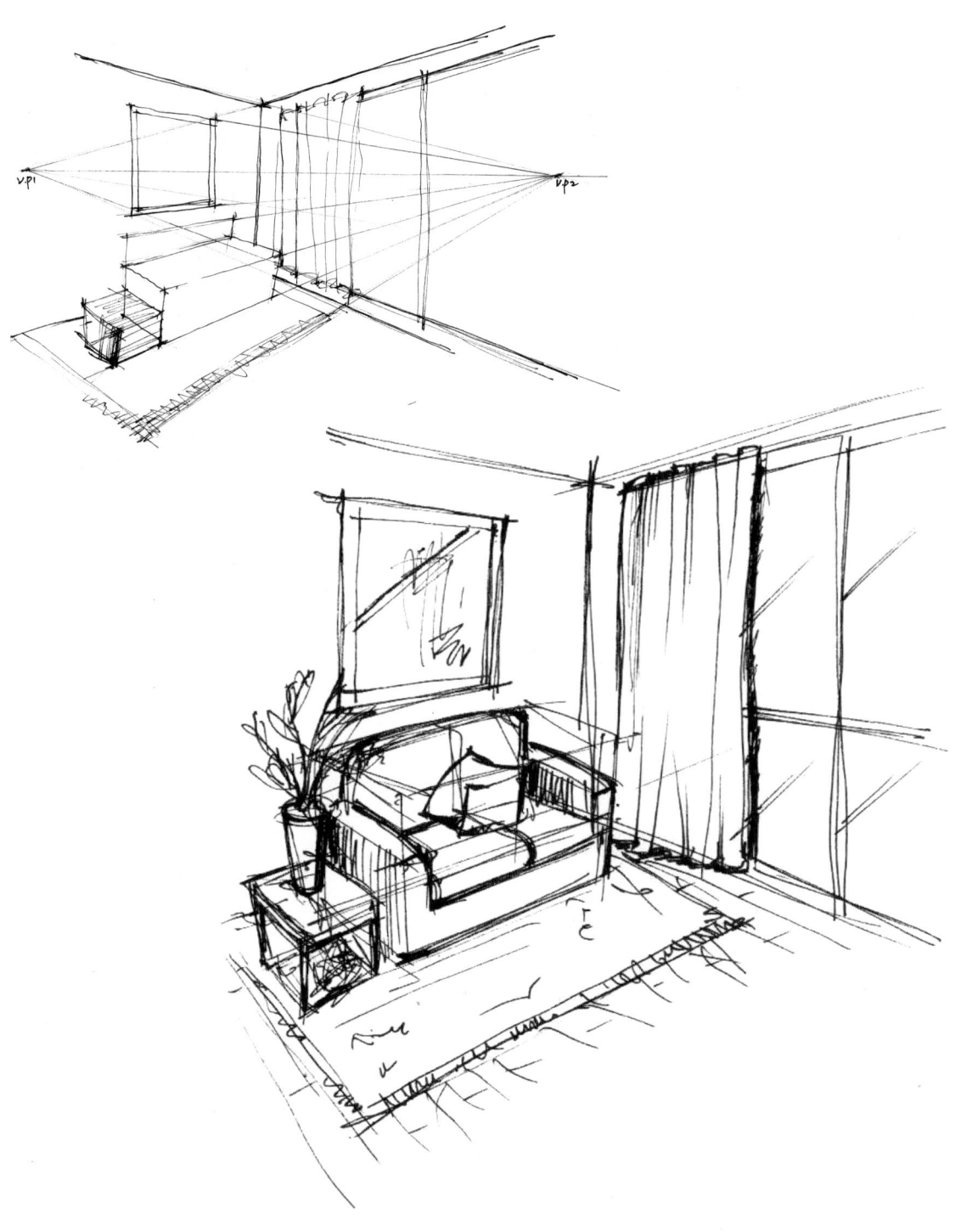

2소점 응용 표현 연습 Ⅳ

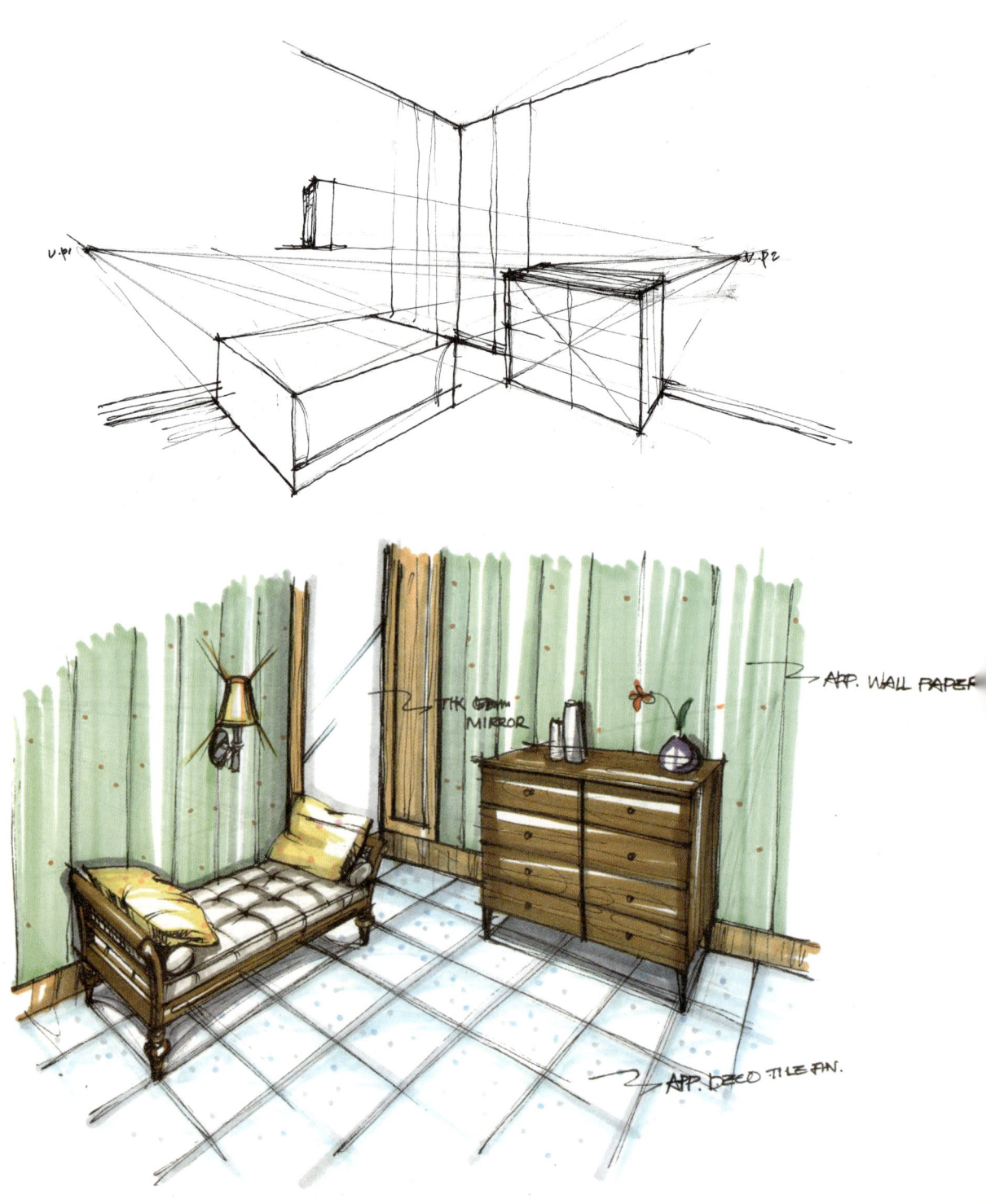

2소점 응용 표현 연습 V

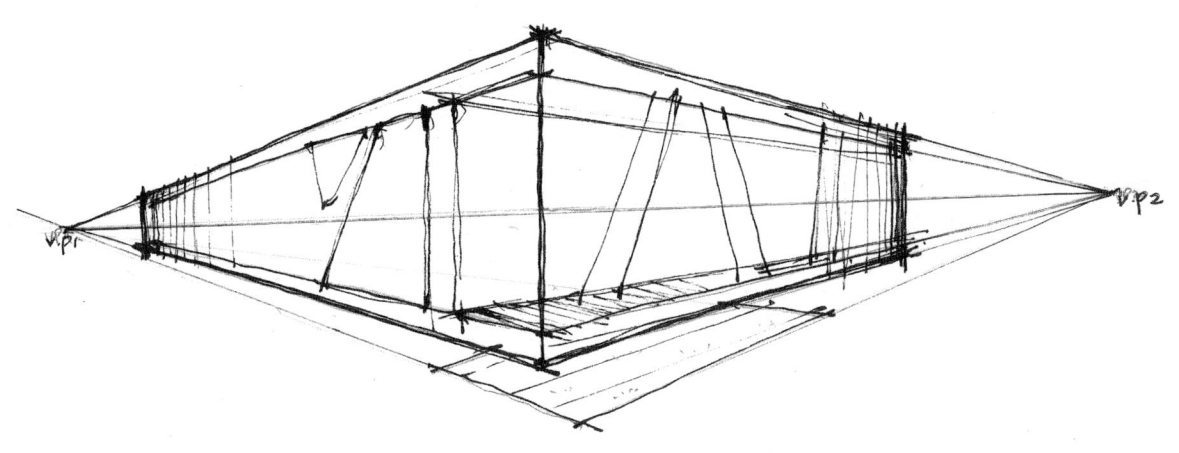

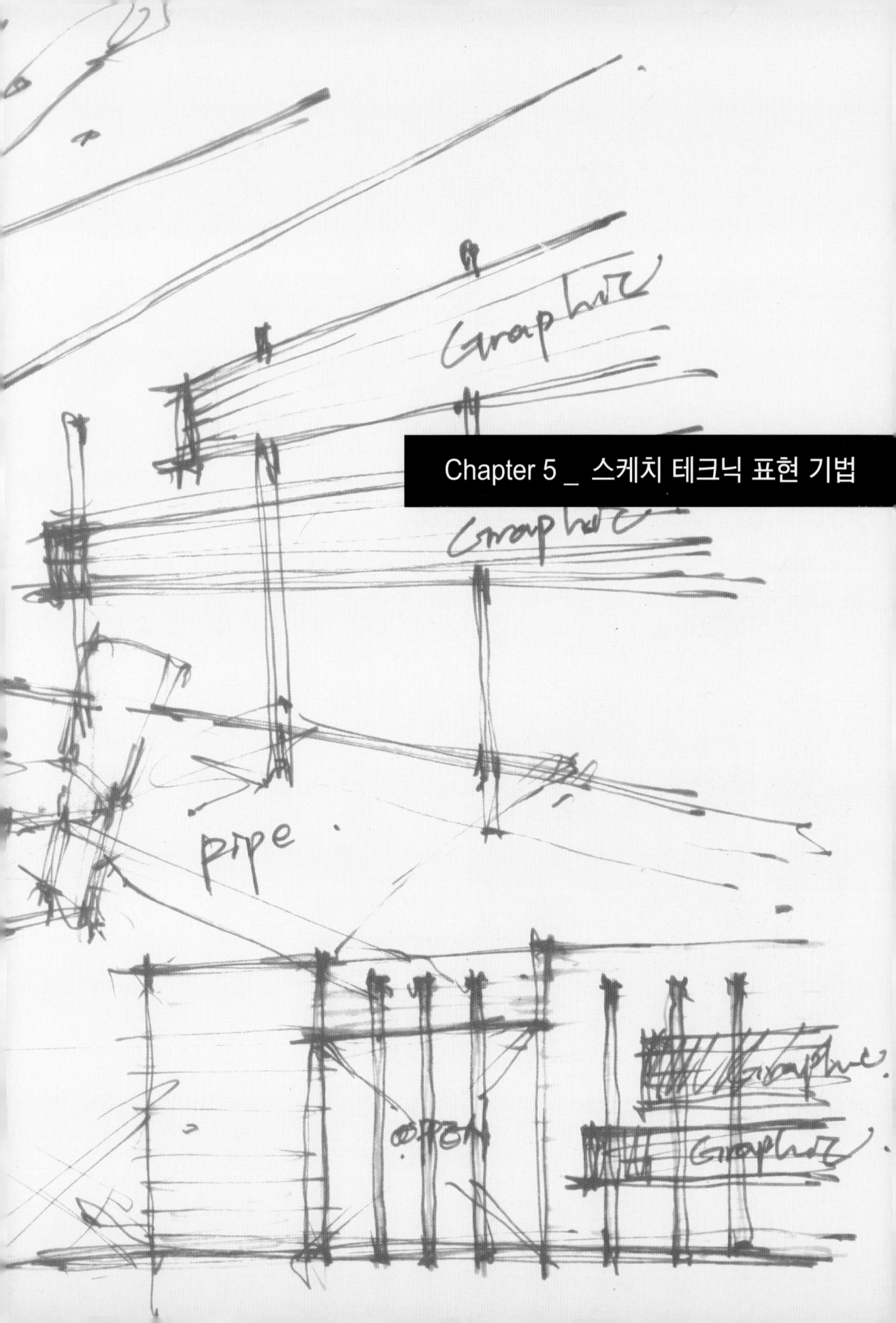

Chapter 5 _ 스케치 테크닉 표현 기법

5_스케치 테크닉 표현 기법

1. 1소점 테크닉 연습

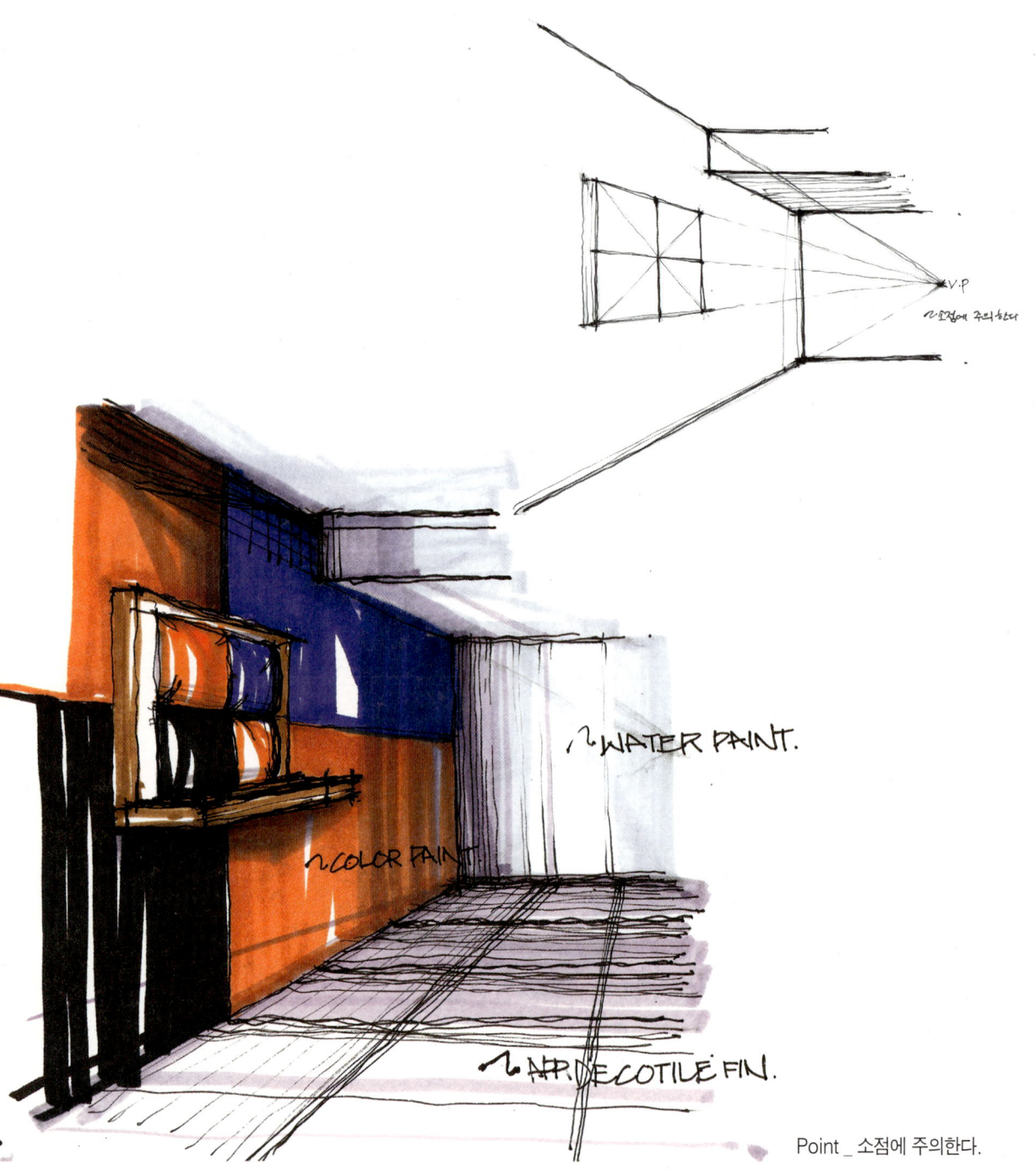

Point _ 소점에 주의한다.

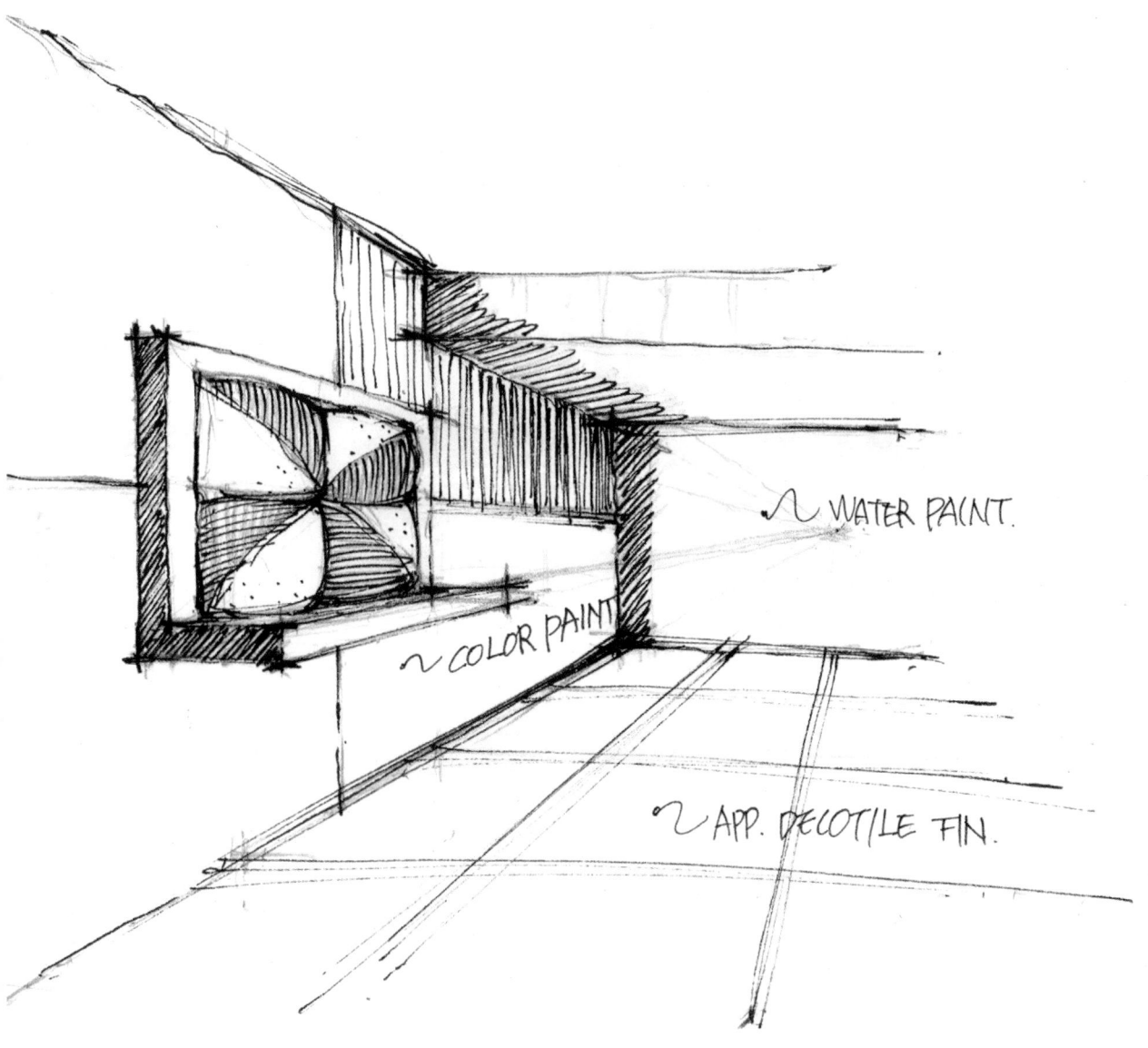

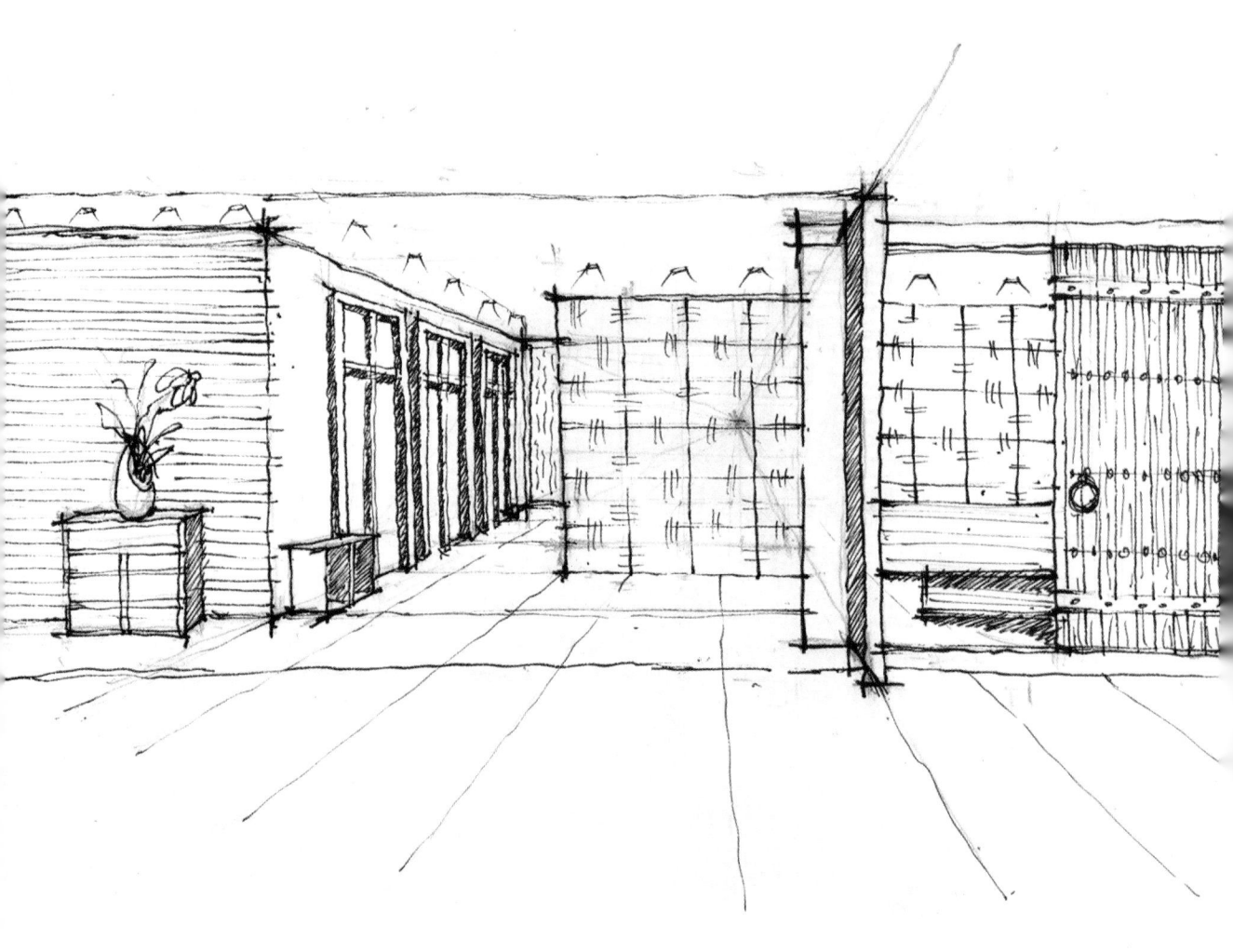

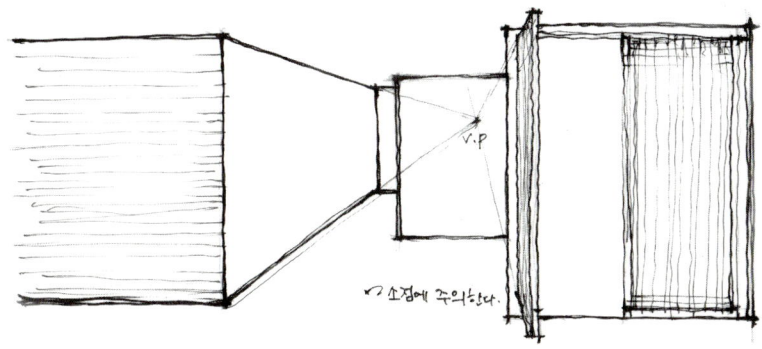

Point _ 나무의 질감을 표현하기 위해 가는 선으로 펜터치 한다. 공간의 깊숙이 들어간 벽에는 Gray로 터치하여 원근감을 표현한다.

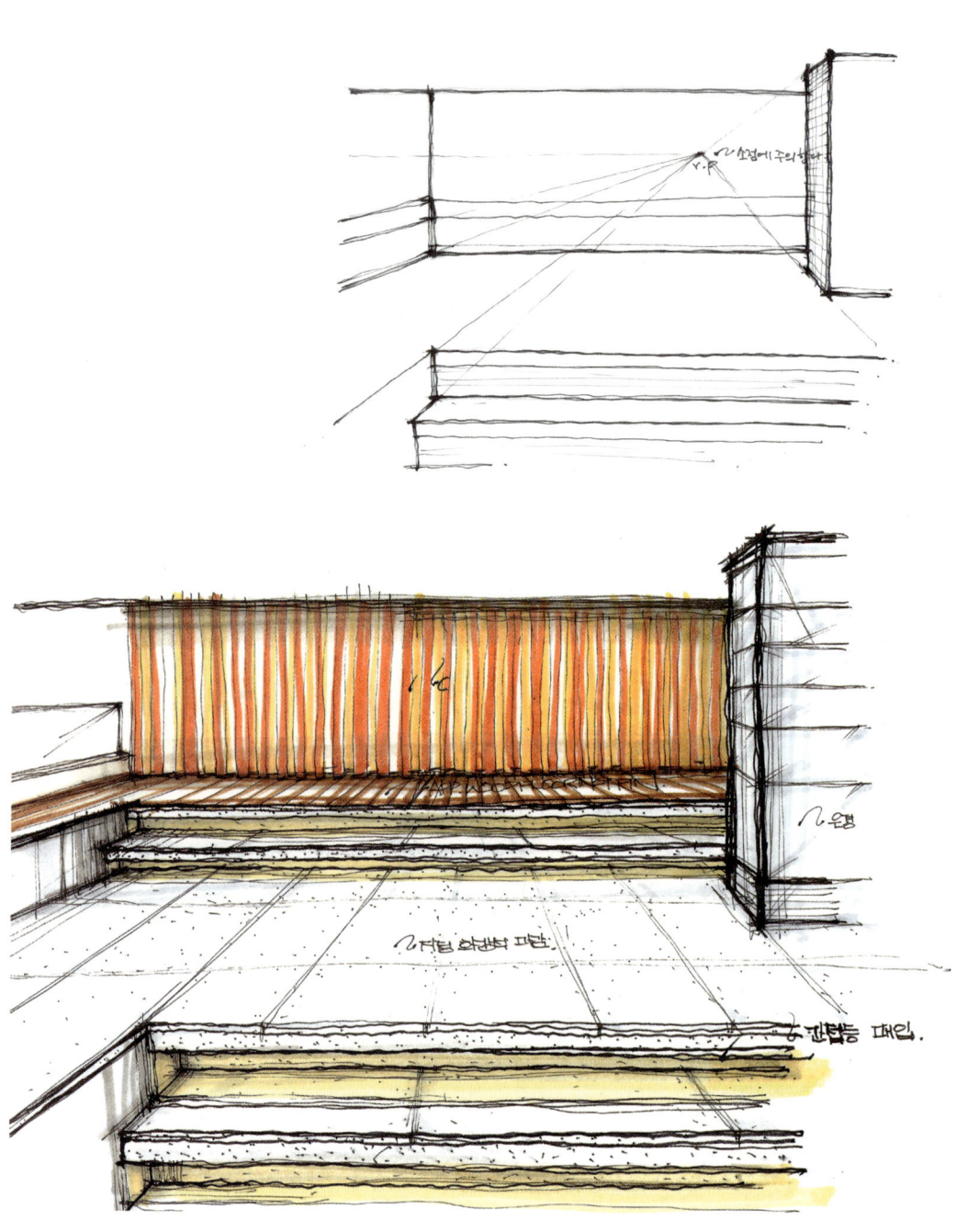

Point _ 바닥부분에 화강석을 표현하기 위해 점 형태로 펜터치 하고, 계단아랫부분에 Gray로 명암처리한다.

Point _ 조명(Pendant)를 표현하기 위해 벽면이 어두울 경우 화이트펜으로 살짝 터치한다. 마카 사용시 천장은 벽보다 항상 소량 터치하며, 바닥은 안정감을 표현하기 위해 펜터치 하거나 Gray로 그림자 처리한다.

Point _ 소점에 주의하며, 커텐 표현에 주의한다.

Point _ 실무에서 Art Wall Sketch는 많이 쓰이는 부분으로 소점에 주의한다

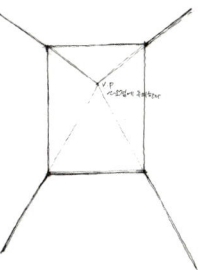

러프 스케치(Rough Sketch) ▶

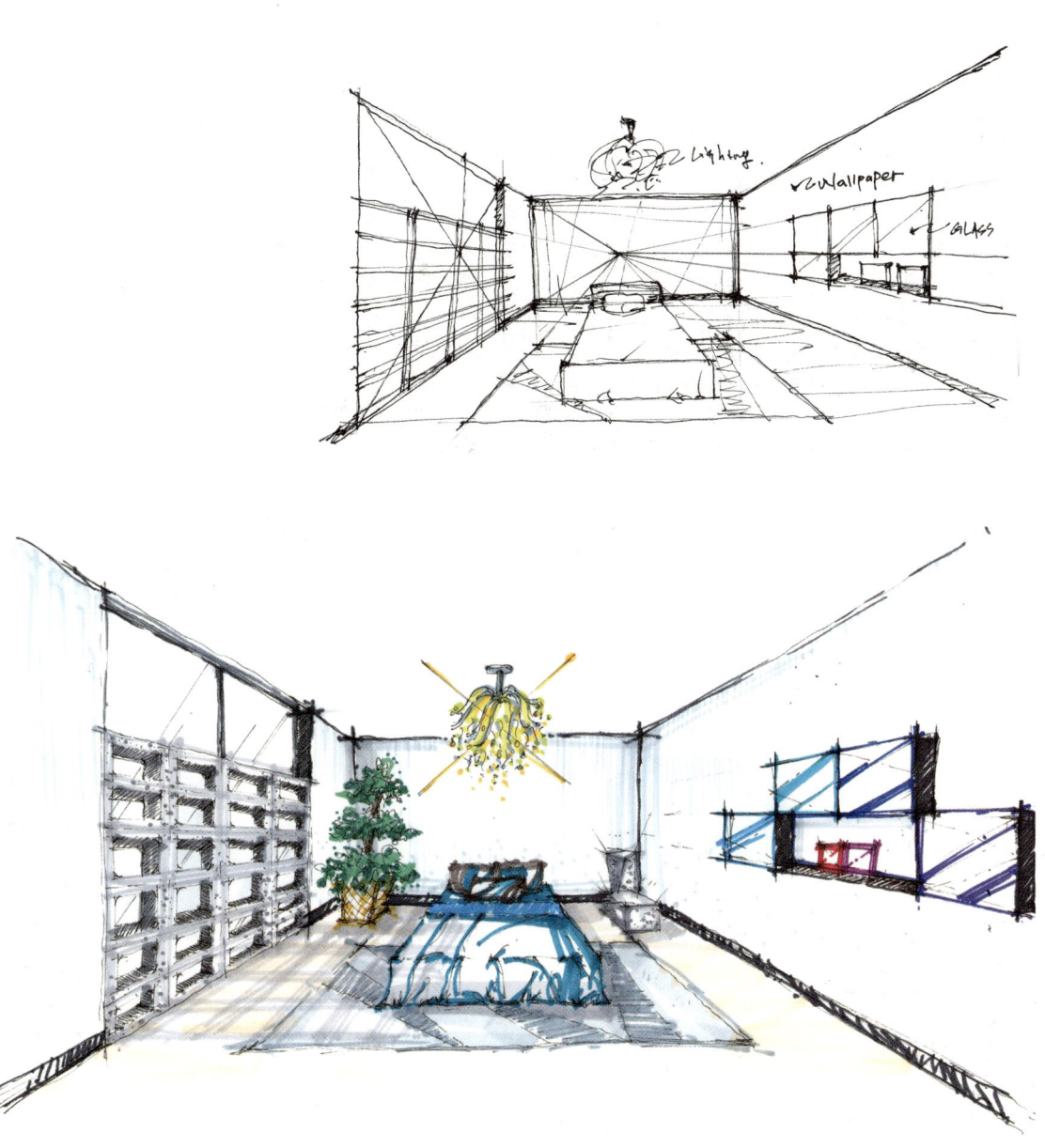

Point _ 좌측벽 책장 매입 부분 그림자 처리에 주의한다.

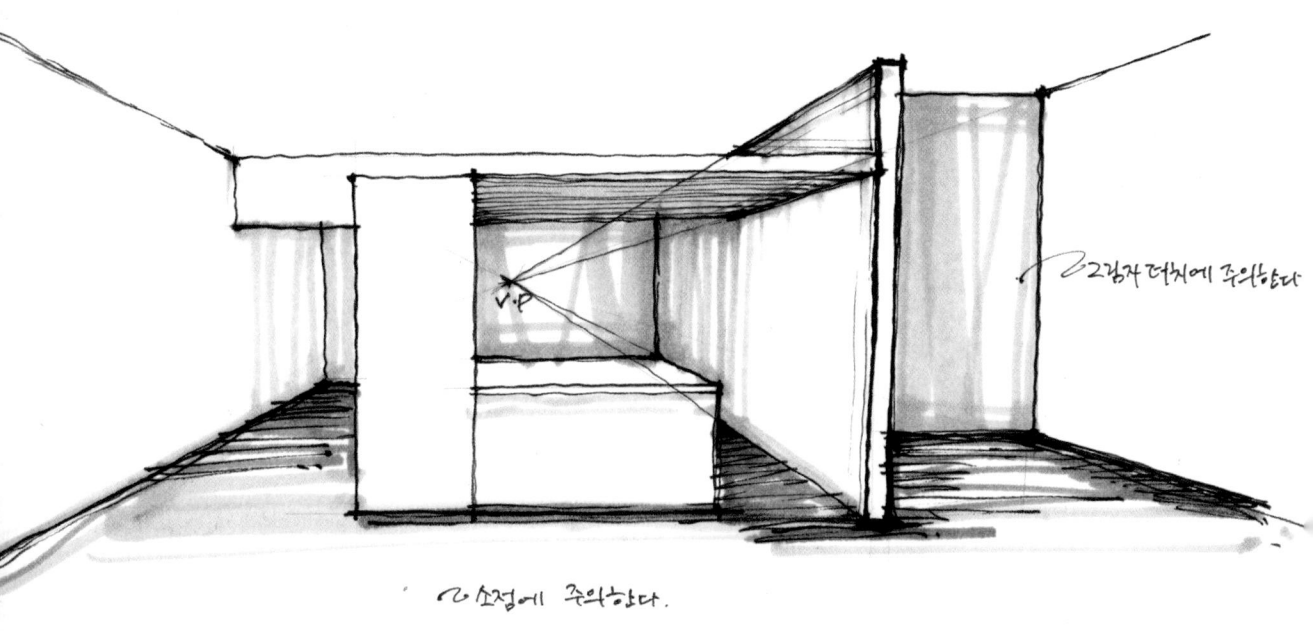

Point _ 공간의 원근감 표현을 연습할 수 있는 스케치다. Gray를 사용하여 적절하게 그림자 처리한다.

APP. MARBLE FIN.
APP. WOODFLOORING FIN.

INFO
SIGN & LOGO
OPEN
INFO.
ELEVATION.

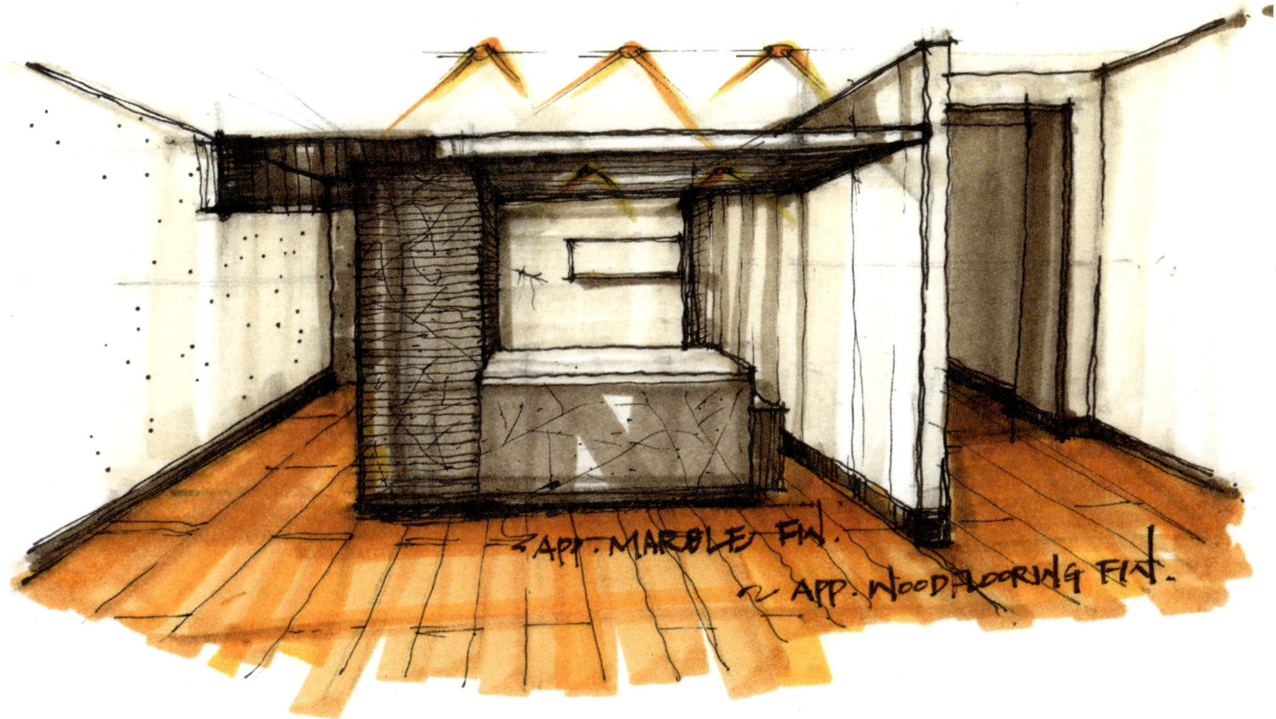

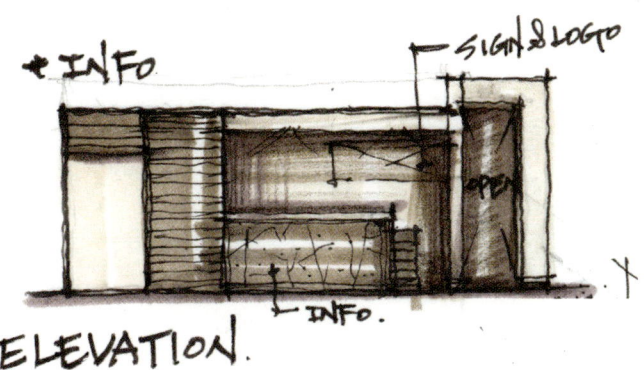

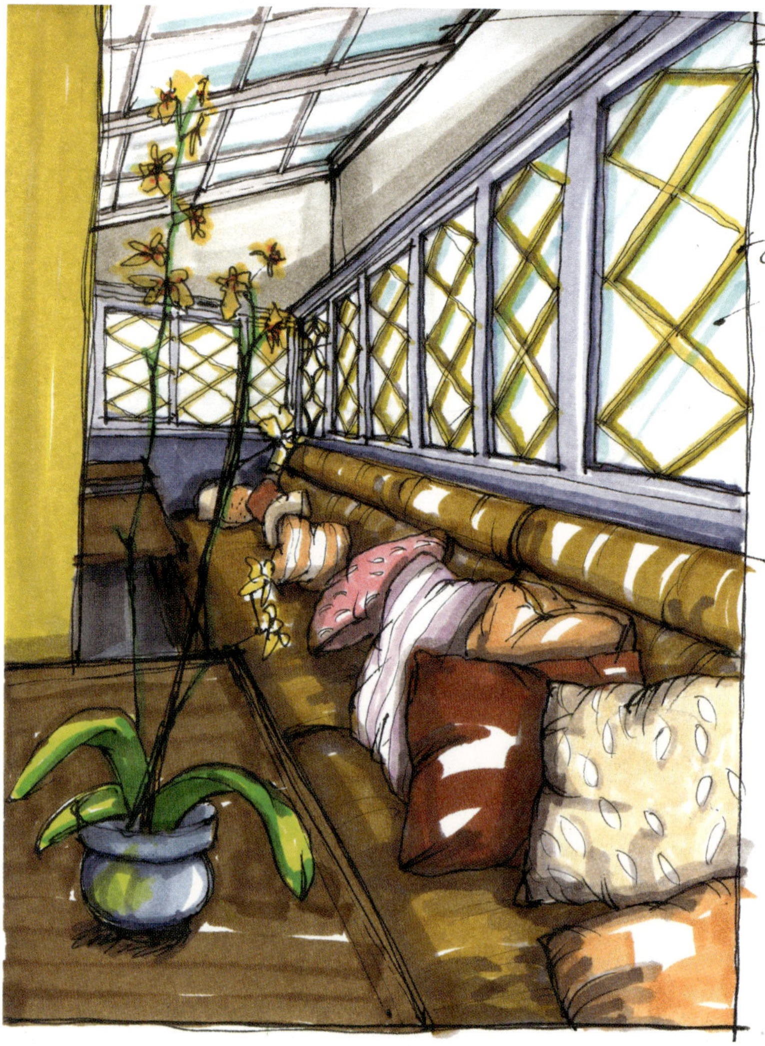

WINDOW.
Wood. FlAME.
GLASS.

Point _ 창문격자부분의 소점에 어긋나지 않게 주의하며,
쿠션에 푹신한 느낌이 들도록 펜터치에 주의한다.

창문문양,
소점에 주의한다.

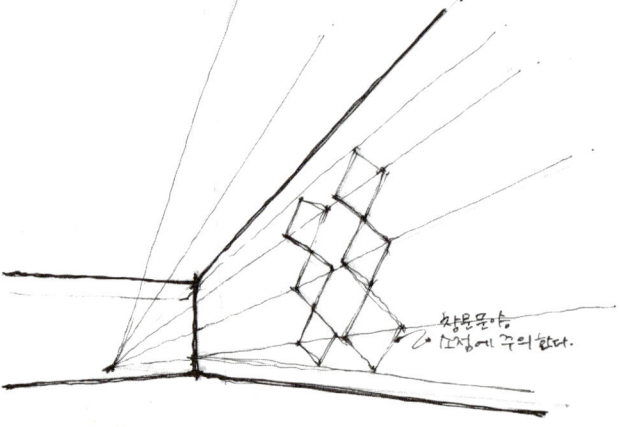

Point _ 펜터치가 많이 사용된 스케치로 자연스러운 공간이 연출된다.

Point _ 무채색 표현에 주의한다.

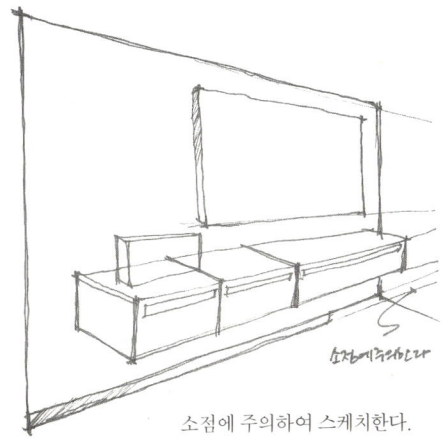

소점에 주의하여 스케치한다.

마카의 밝은 Cool Gray Color부터 터치한다.

진한 Cool Gray Color로 터치하여 마무리한다.

Point _ 세면대 형태 표현에 주의한다.

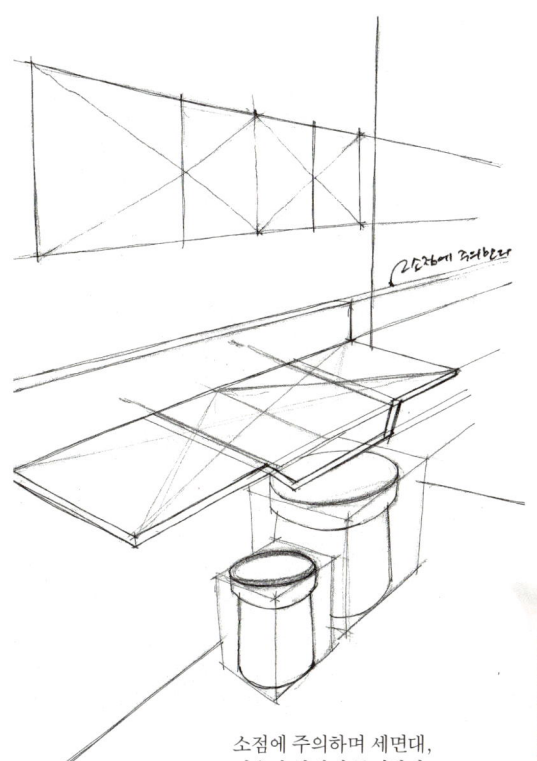

소점에 주의하며 세면대,
거울의 형태에 주의한다.

거울과 세면대는 Cool Gray Color로 컬러링한다.

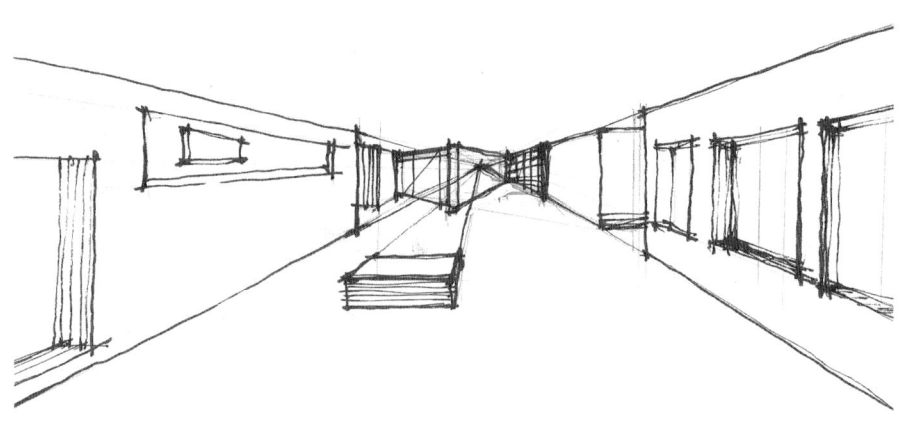

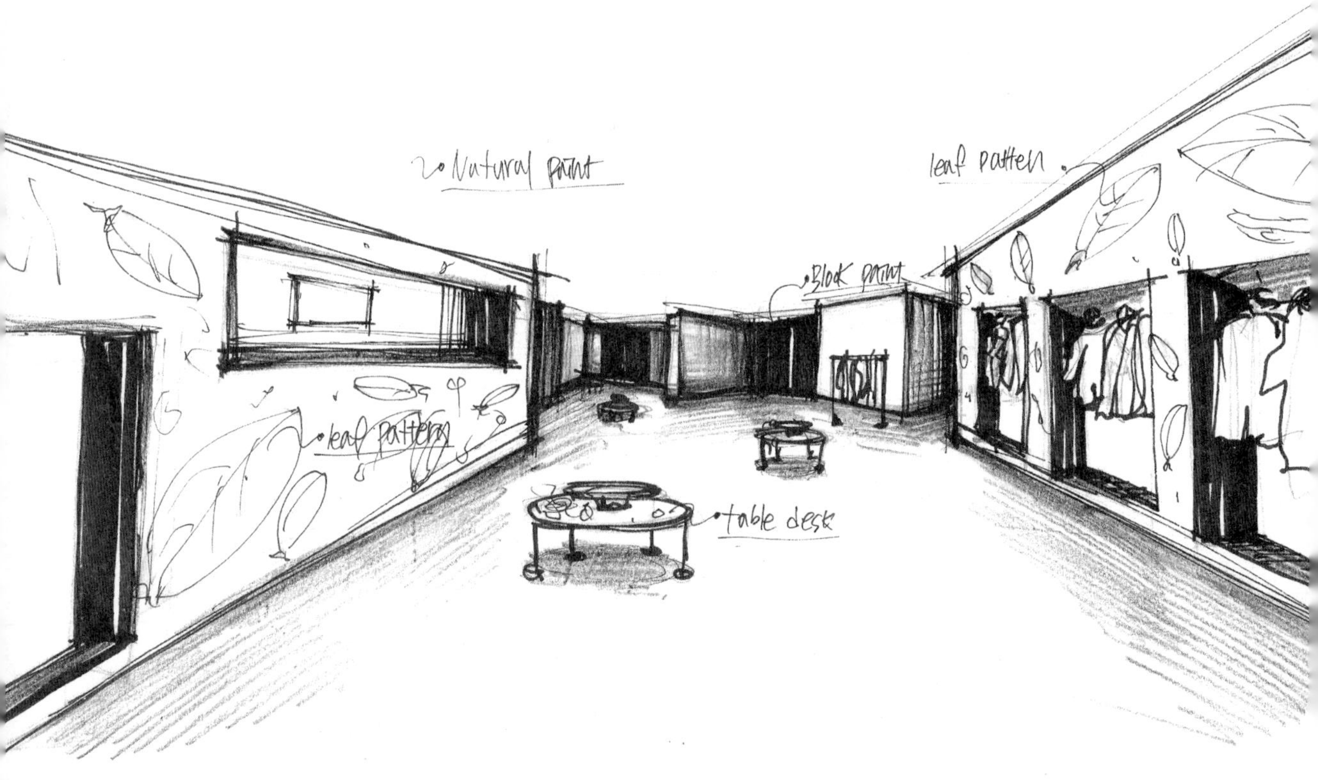

Point _ 펜과 색연필만을 사용하여 스케치한다.

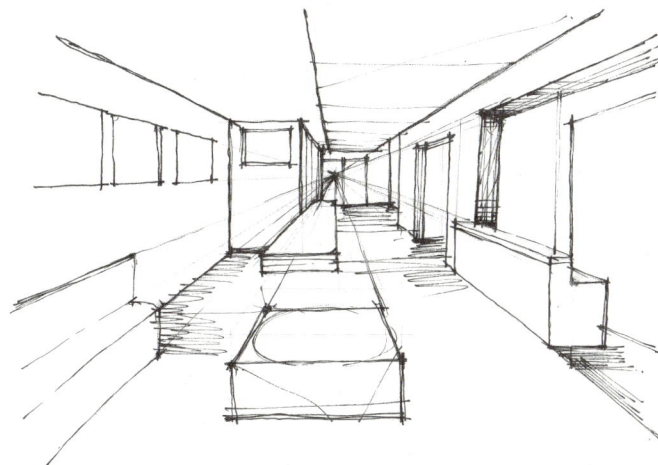

Point _ 마카 컬러링 후 검은색 색연필을 사용하여 그림자 처리한다.

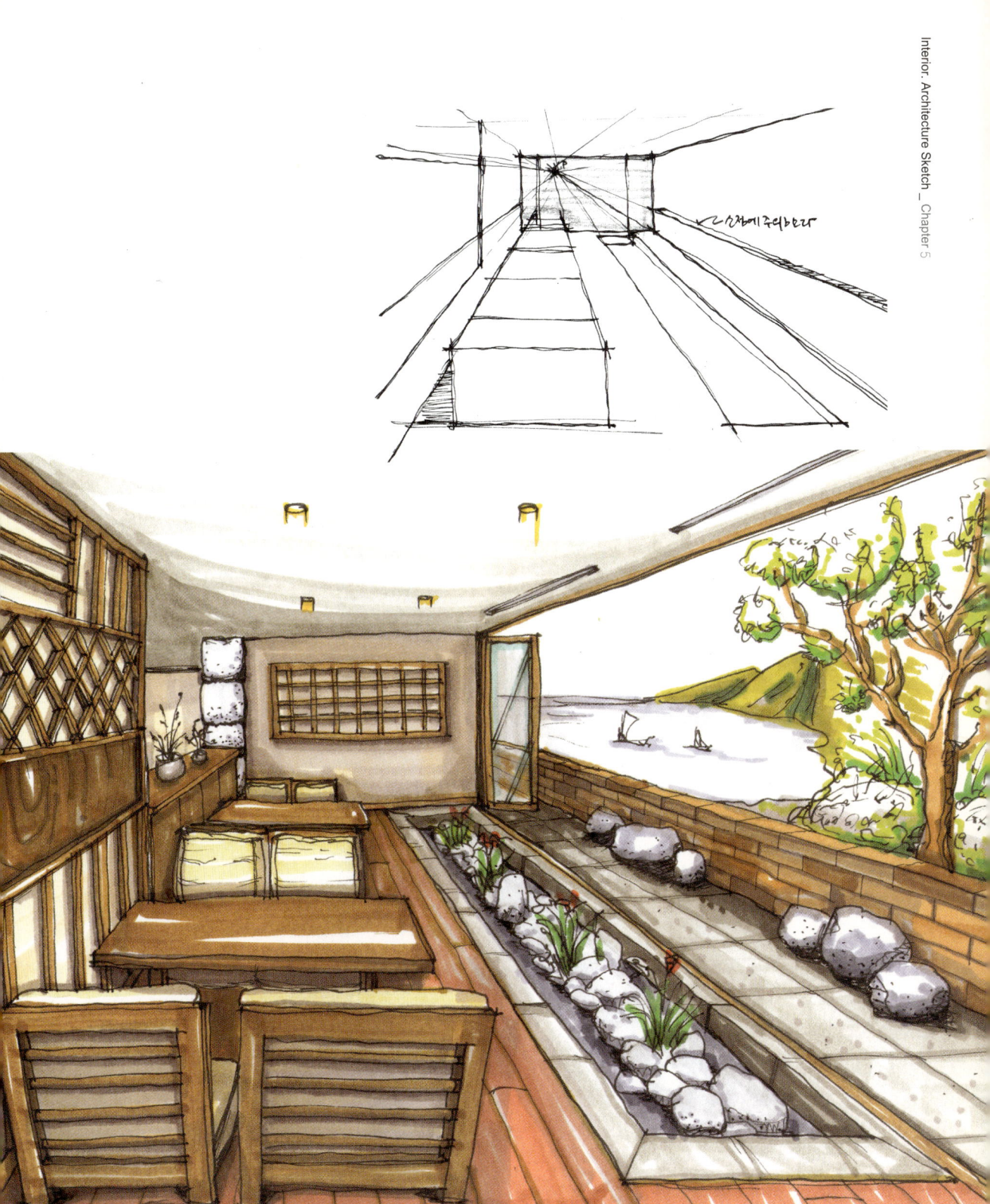

Point _ Cool Gray1, 3, 5를 사용하여 Stone 표현에 주의한다.

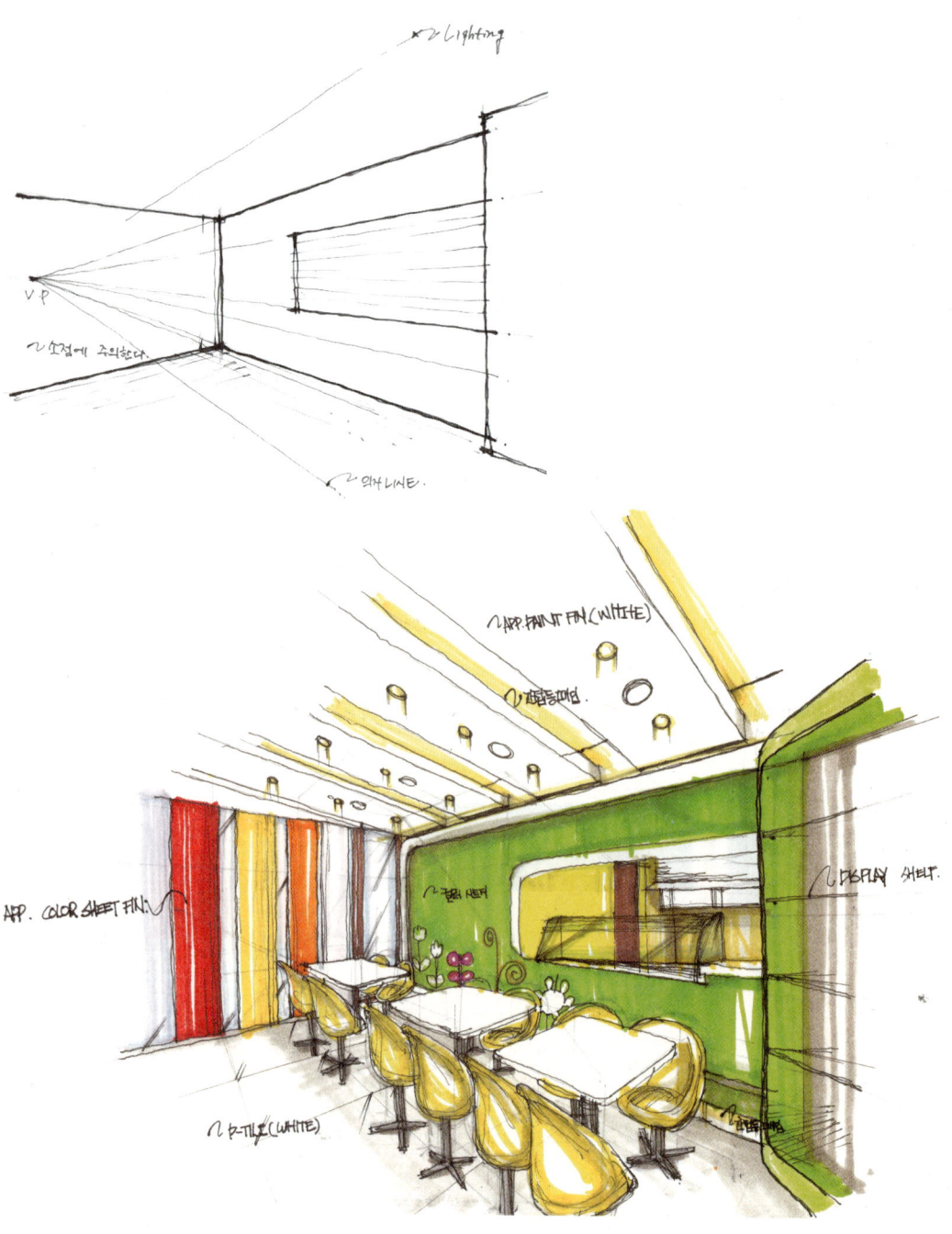

Point _ 테이블과 천장부분의 소점에 주의한다.

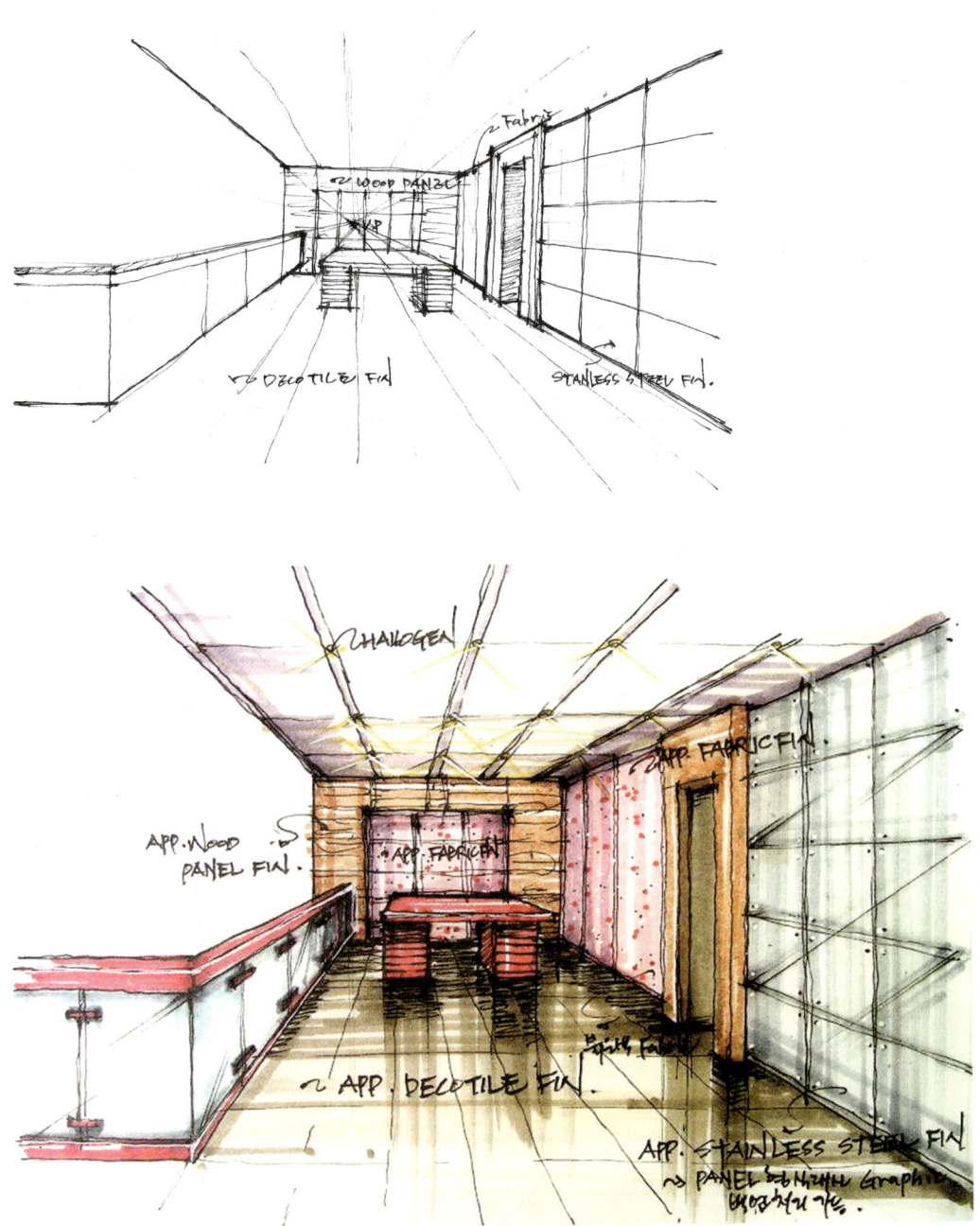

Point _ 오른쪽 벽의 Steel 표현은 Cool Gray or Blue Gray로 터치하고, 왼쪽 핸드레일 아래의 유리 또한 Cool Gray로 터치한다.

Point _ 1소점에 주의하며, 공간 안쪽 벽(Yellow 벽)에는 원근감을 표현하기 위해 Warm Gray로 그림자를 표현한다.

Point _ 1인용 소파의 전체높이에 주의한다.

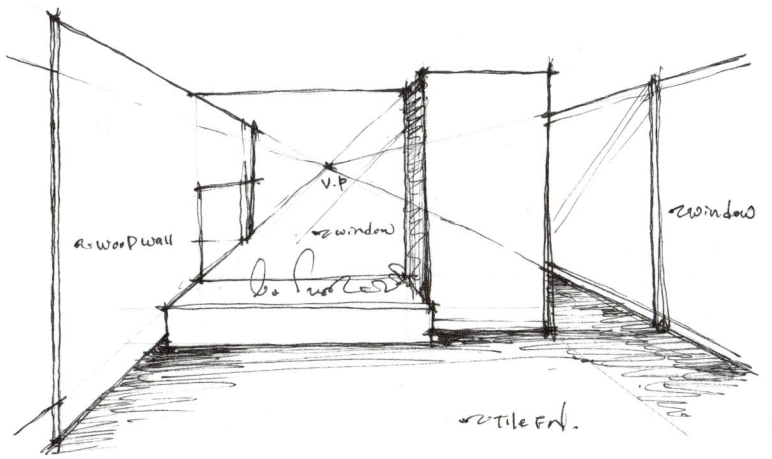

Point _ Wood Color 마카를 강하게 사용한다.

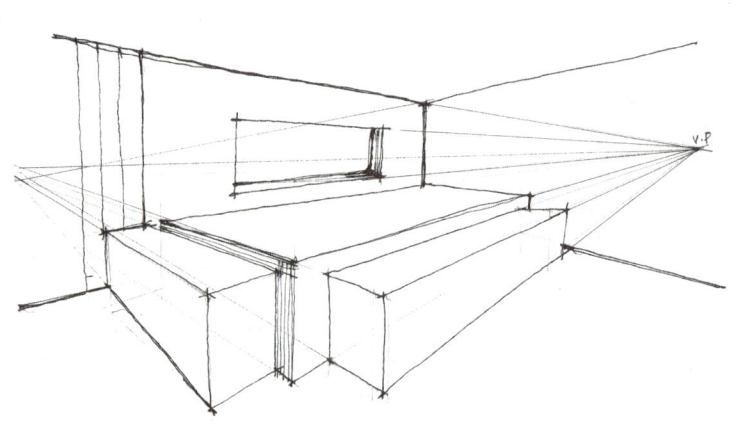

Point _ Cool Gray1, 3, 5를 사용하여 Stone 표현에 주의한다.

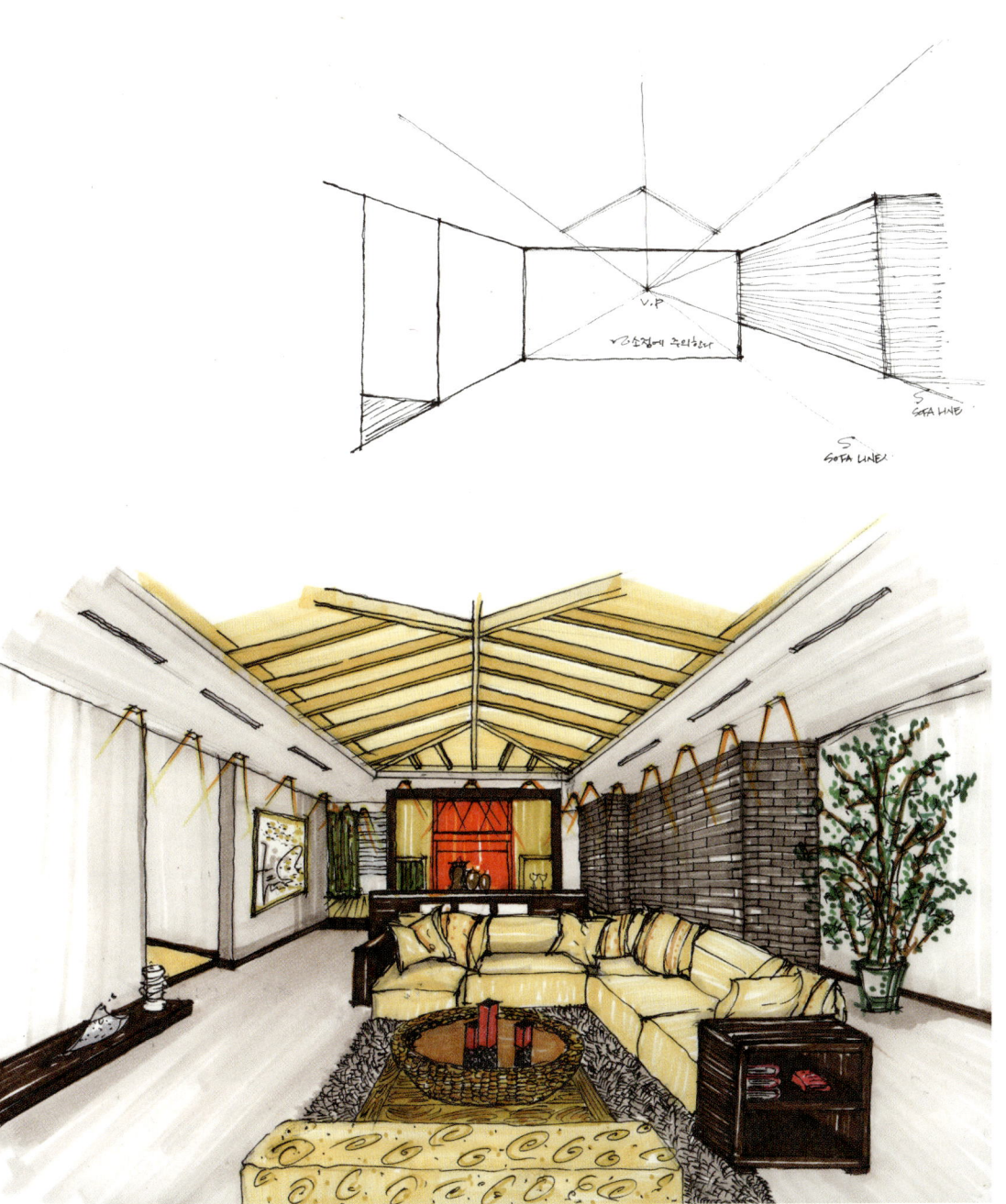

Point _ 천장부분 2등분과 소점에 주의한다.

Point _ 벽면 나뭇잎과 의자 Fabric 표현에 주의한다.

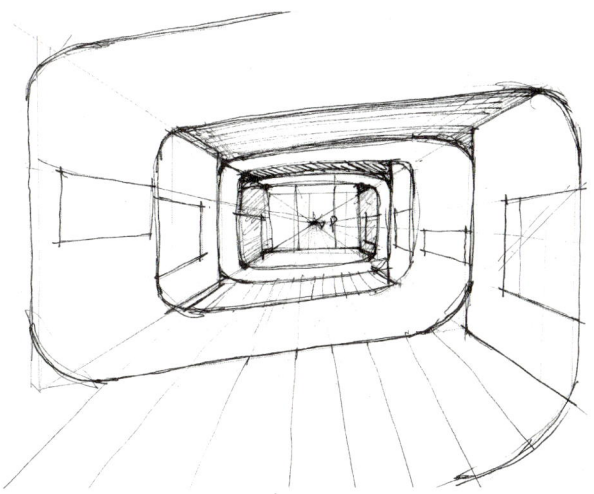

Point _ 전시공간의 형태와 라운드 벽에 주의한다.

Point _ Fabric(커텐, 쿠션, 방석) 표현에 주의한다.

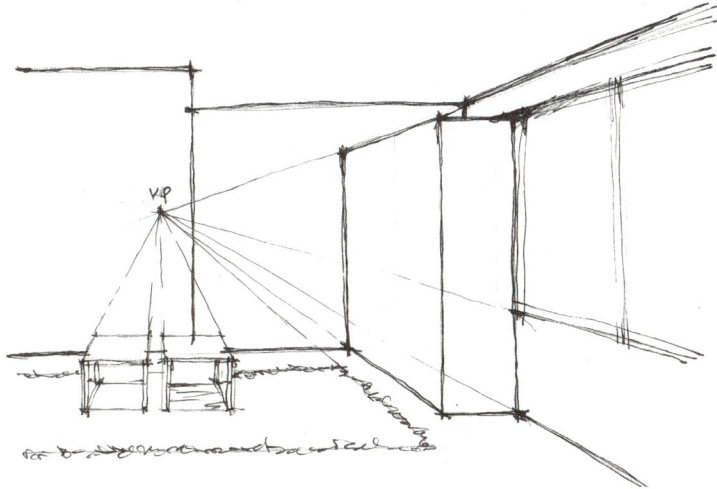

Point _ 행거프레임(Hanger Flame)의 소점에 주의한다.

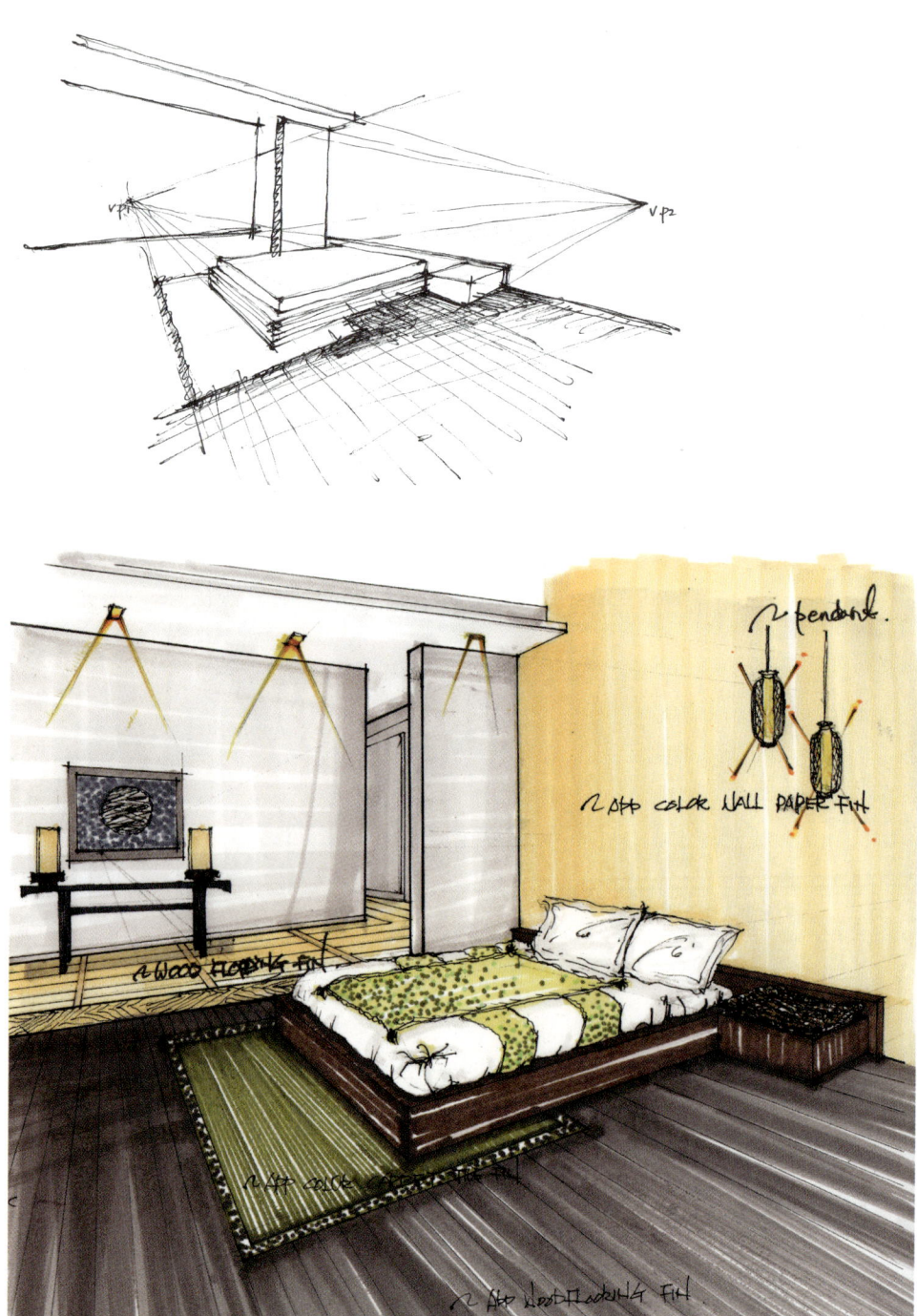

Point _ 조명과 바닥 표현에 주의한다.

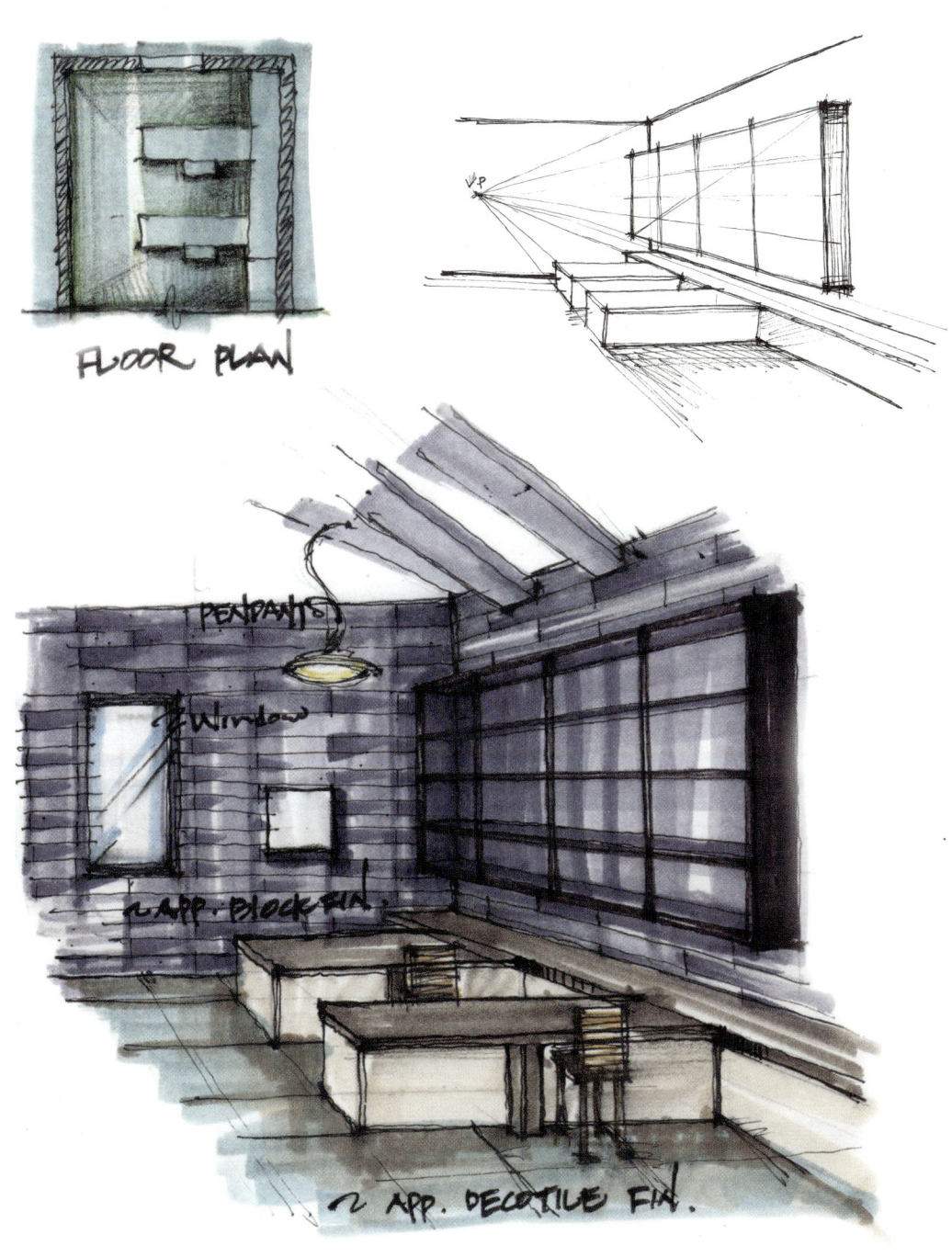

Point _ Block을 표현하기 위해 Cool Gray1, 3, 5로 터치한다.

Point _ 꽃병의 홈이나 찌그러진 모양은 마카로 바로 표현하려면 어색하므로, 펜으로 먼저 터치한 후에 마카 터치한다.

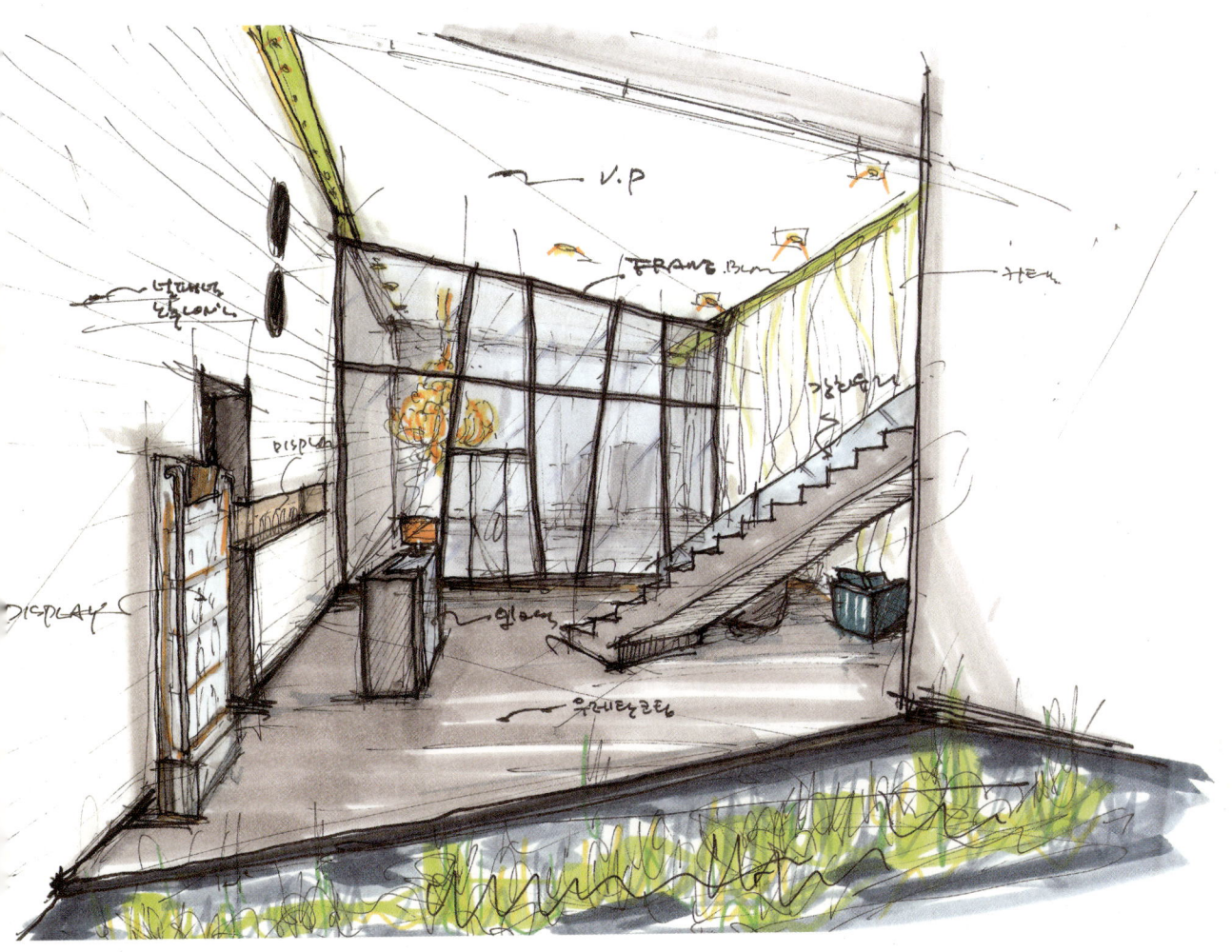

Point _ 사선이 사용되므로 소점을 정확히 이해한다.

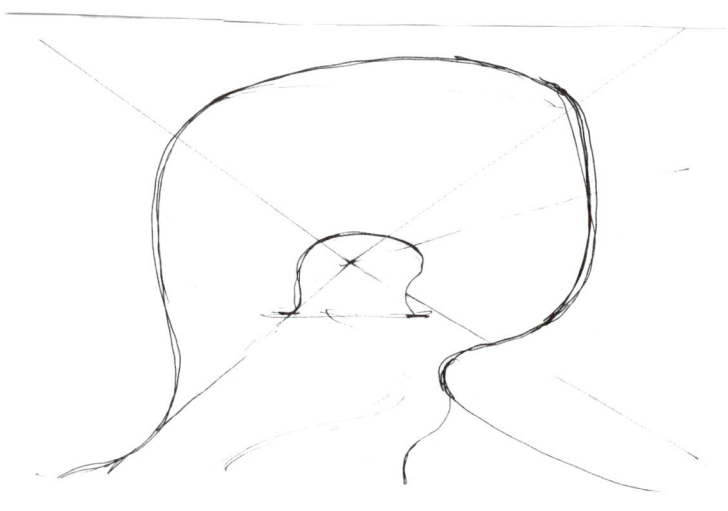

Point _ 마카위에 색연필로 터치한다.

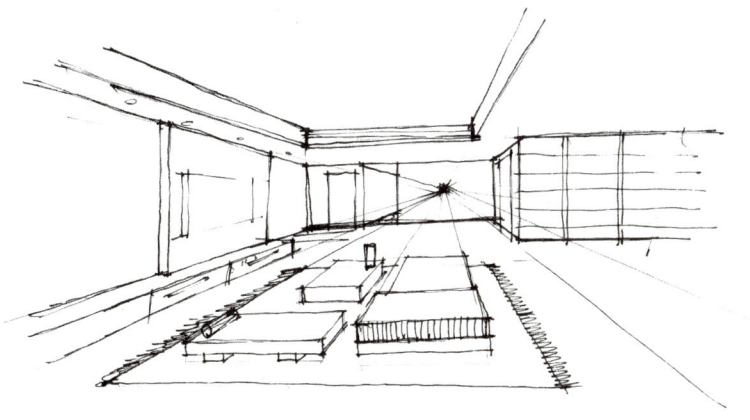

Point _ 마카의 파스텔 tone & 저채도 color를 사용한다.

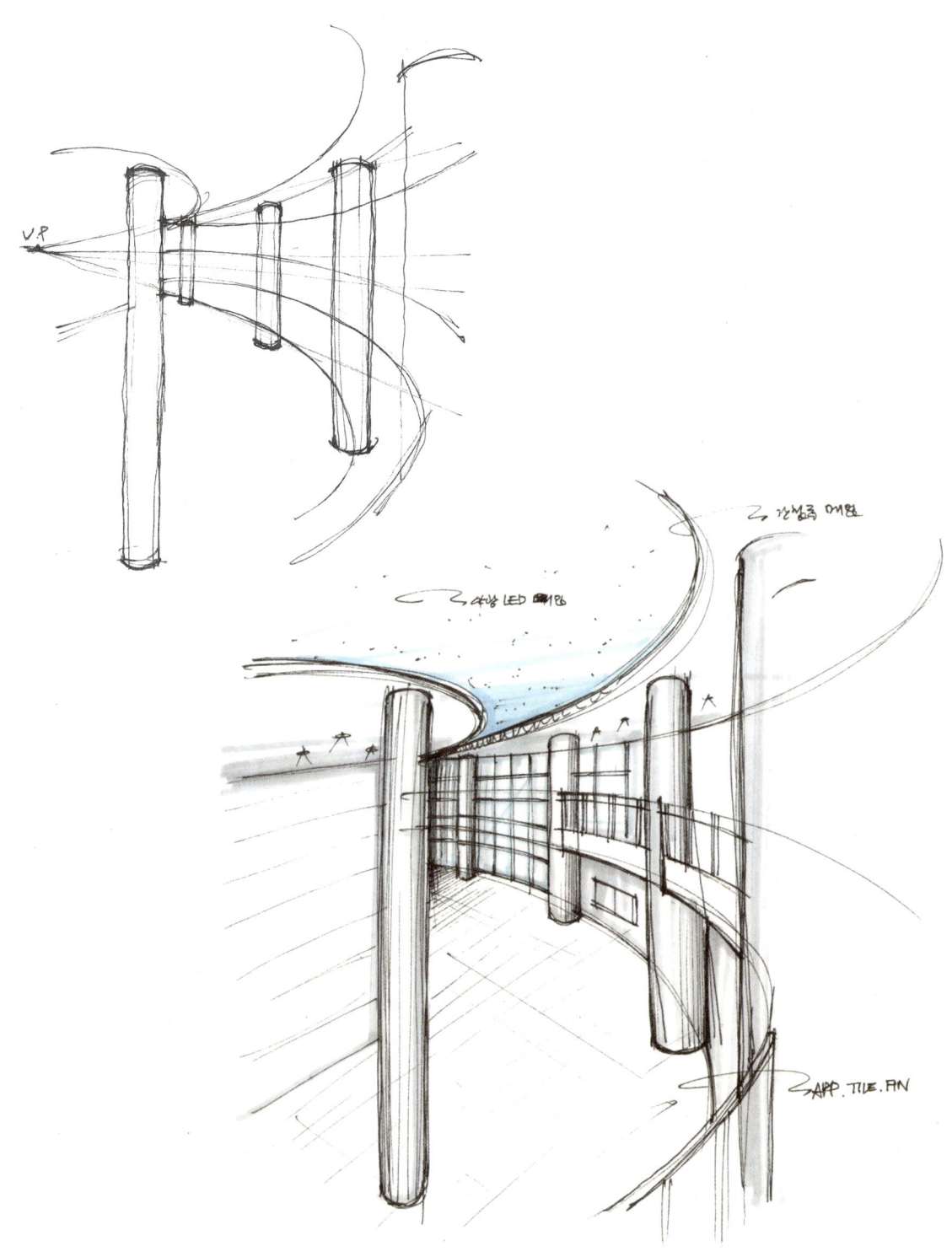

Point _ 라운드 공간을 표현하기 위해 소점에 주의한다.

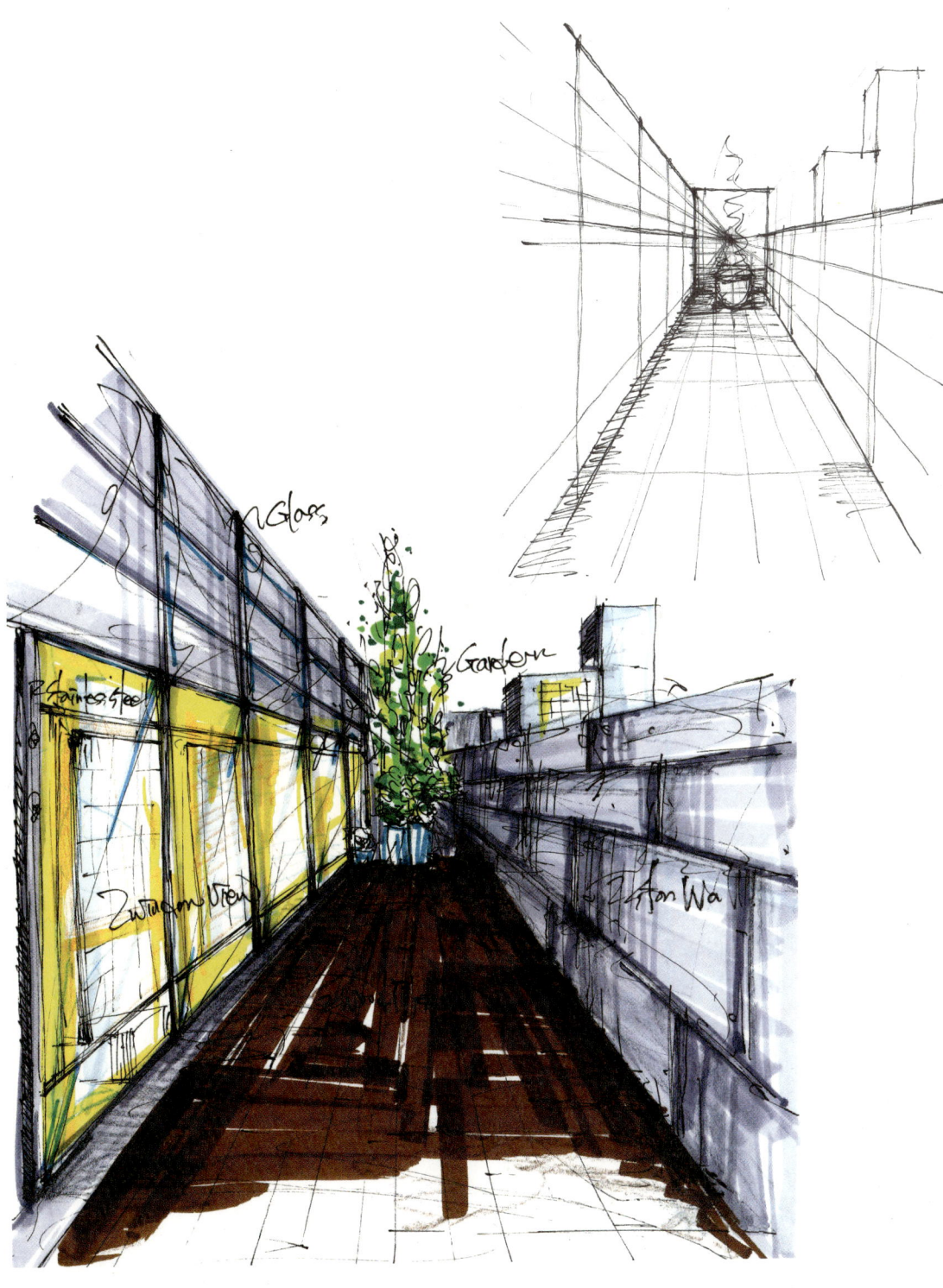

Point _ Cool Gray Color의 Stone 벽과 Wood의 바닥 표현을 강하게 컬러링한다.

펜터치 위 Cool Gray Color 마카 드로잉 ▶

▼ 펜터치 위 Warm Gray Color 마카, 색연필(Black) 드로잉

◀ 볼펜 드로잉

색연필 드로잉 ▼

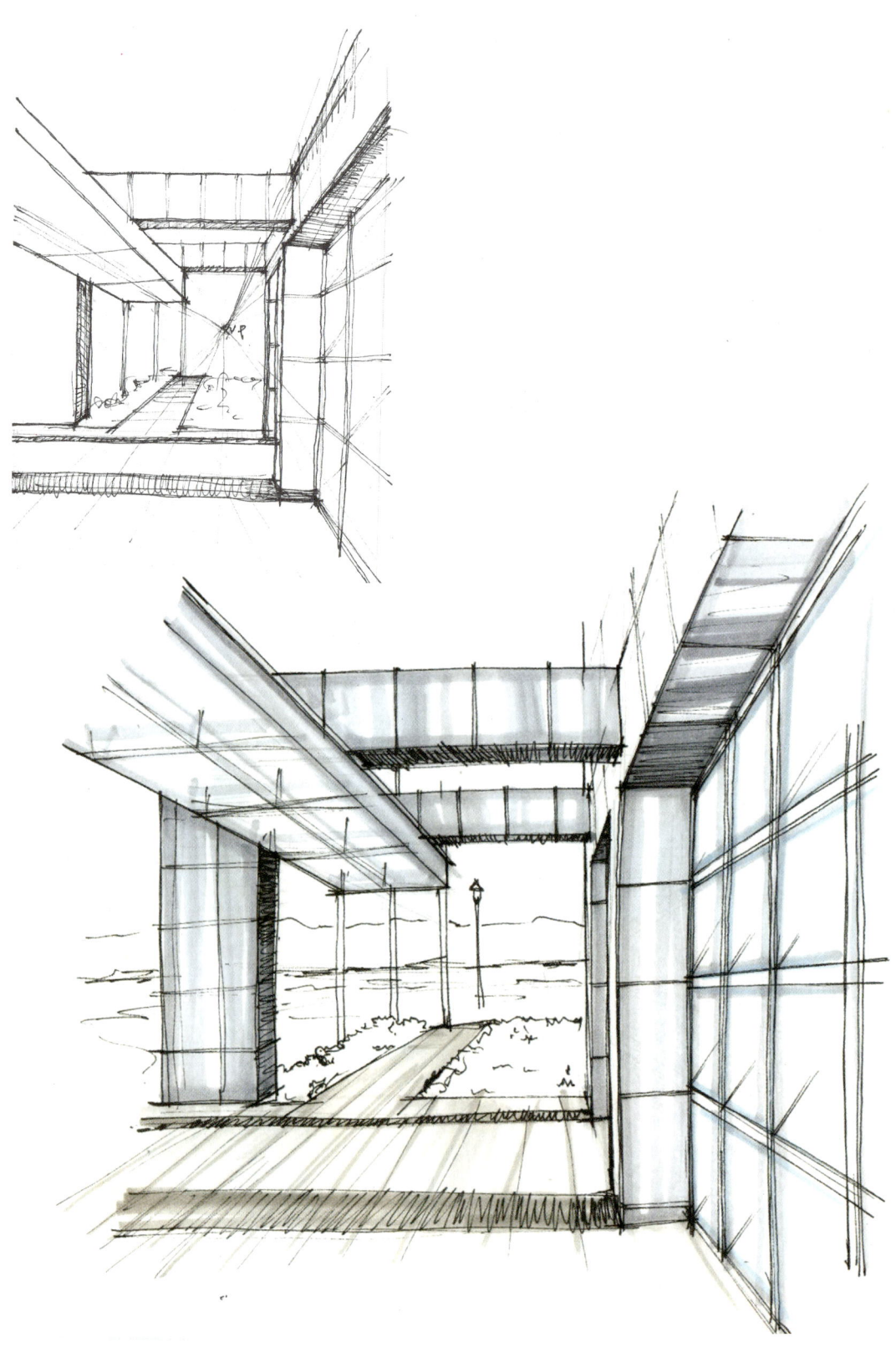

Point _ 1소점 간략 스케치

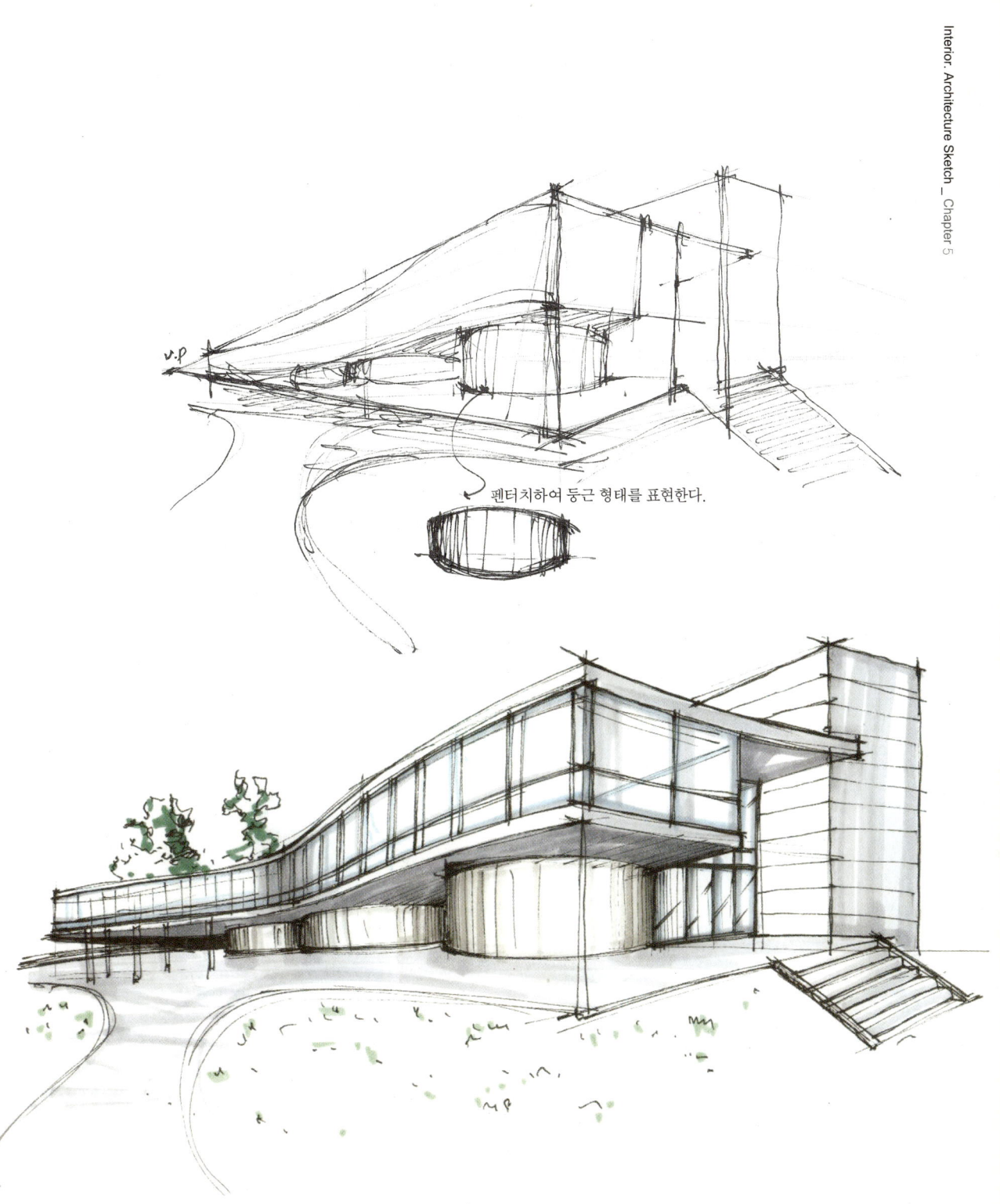

펜터치하여 둥근 형태를 표현한다.

Point _ 외관 형태의 비례에 주의하며, 라운드 형태를 표현하기 위해 펜터치한다.

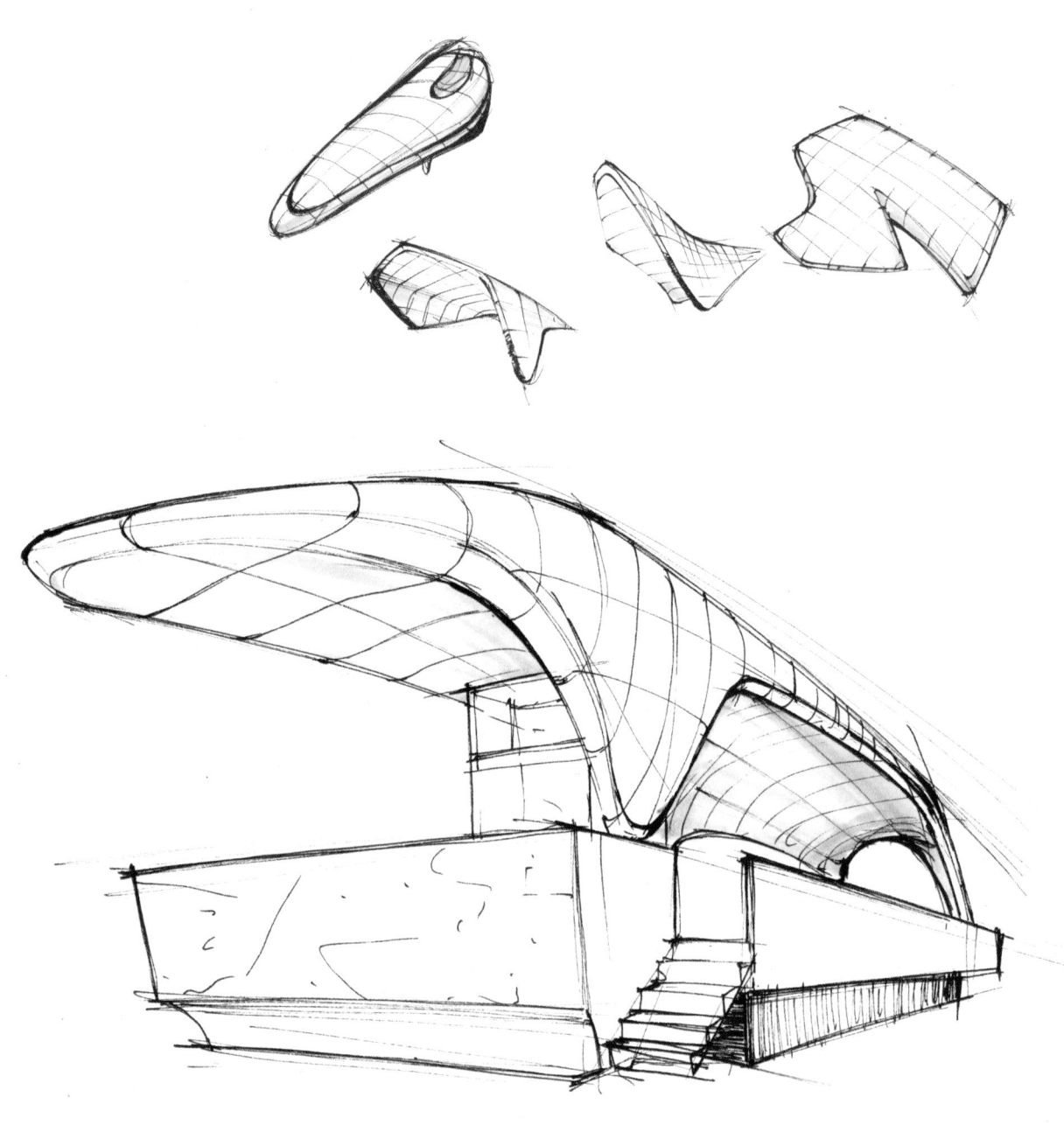

Point _ 아이디어 스케치를 통하여 Mass 스케치를 계획한다.

Point _ 펜 드로잉을 통하여 도시 외관이 느껴질 수 있도록 간략 스케치한다.

2. 2소점 테크닉 연습

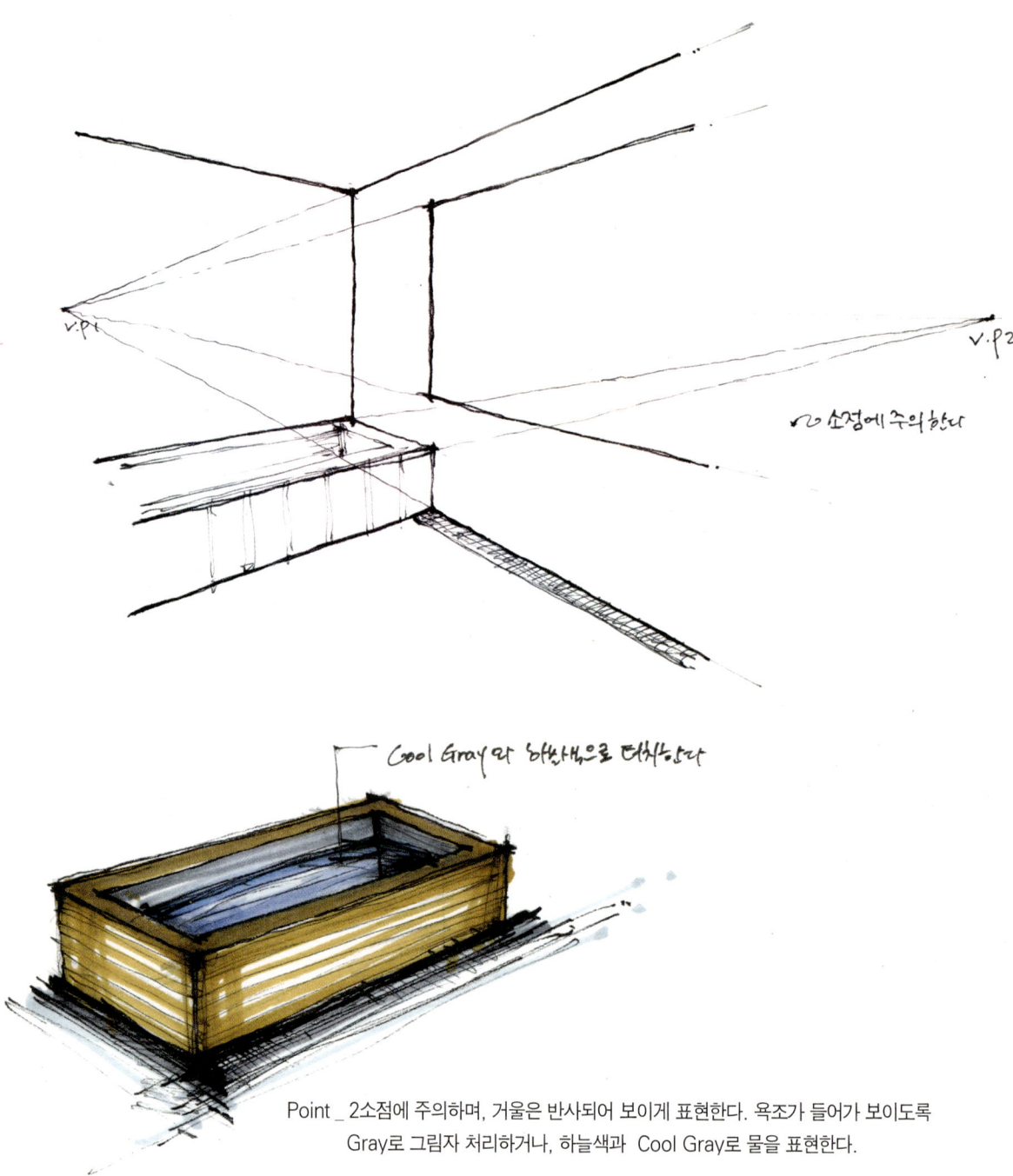

Point _ 2소점에 주의하며, 거울은 반사되어 보이게 표현한다. 욕조가 들어가 보이도록 Gray로 그림자 처리하거나, 하늘색과 Cool Gray로 물을 표현한다.

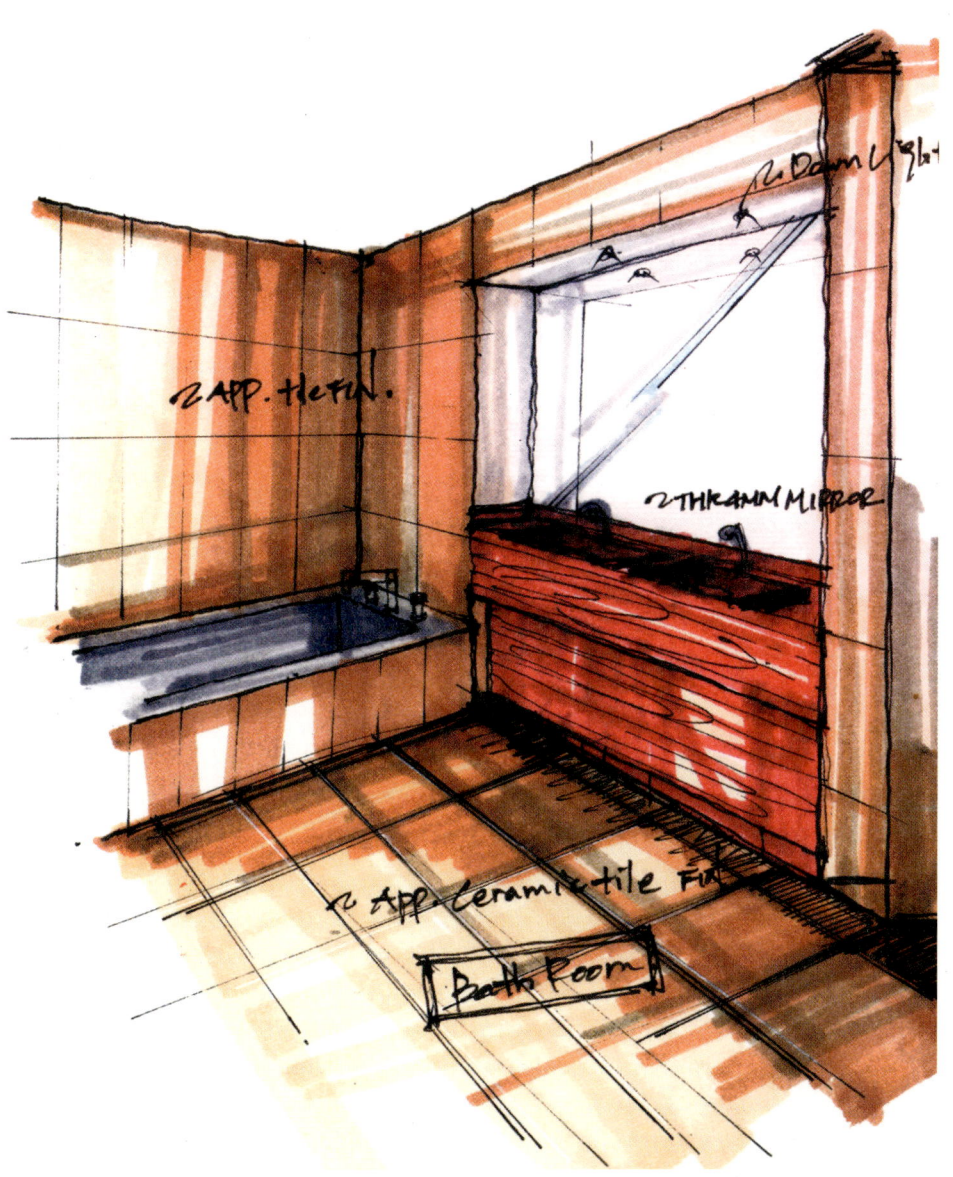

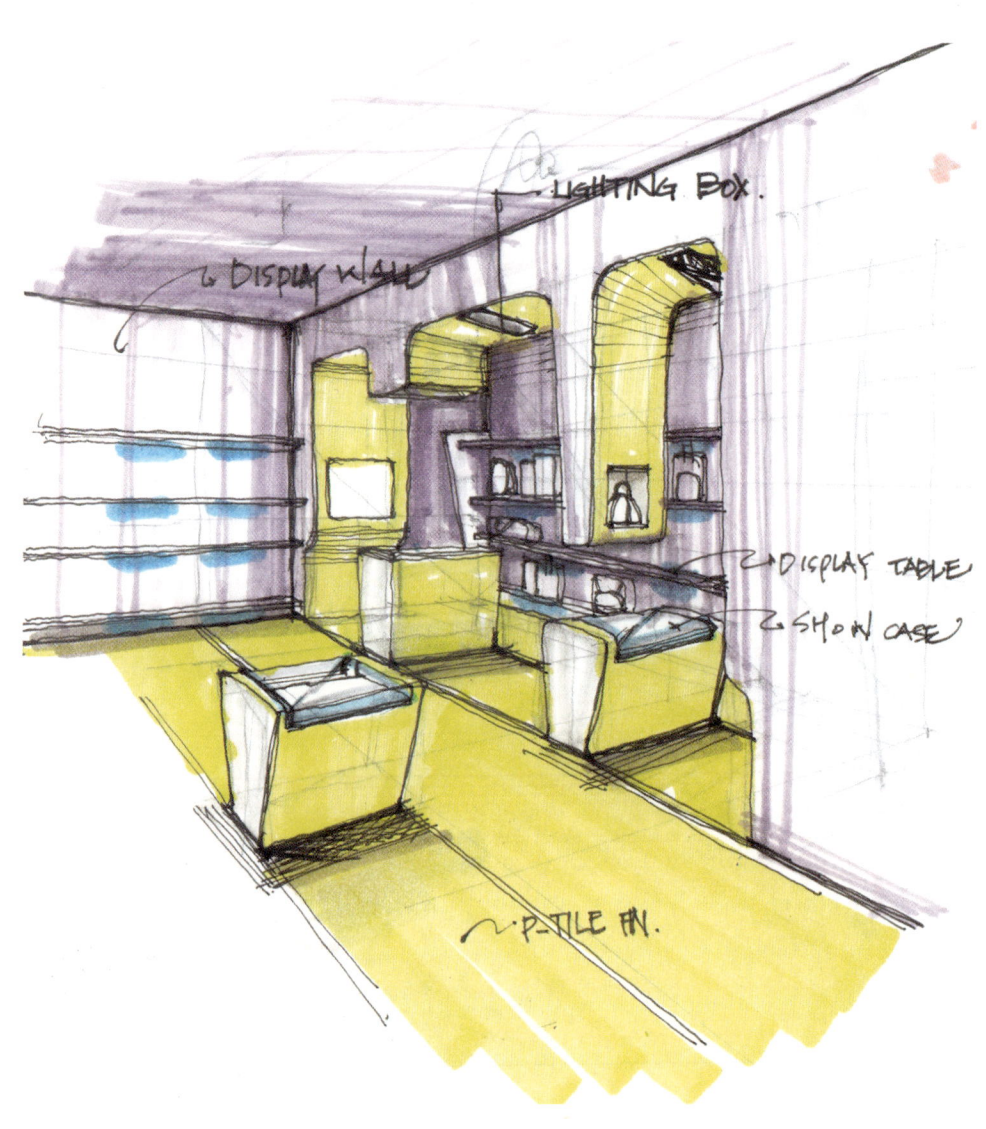

Point _ Display위 천장부위에 라운드 되어 보이도록 소점에 맞춰 가는 선으로 펜터치 한다. Show Case위 유리마감은 하늘색과 Cool Gray로 표현한다.

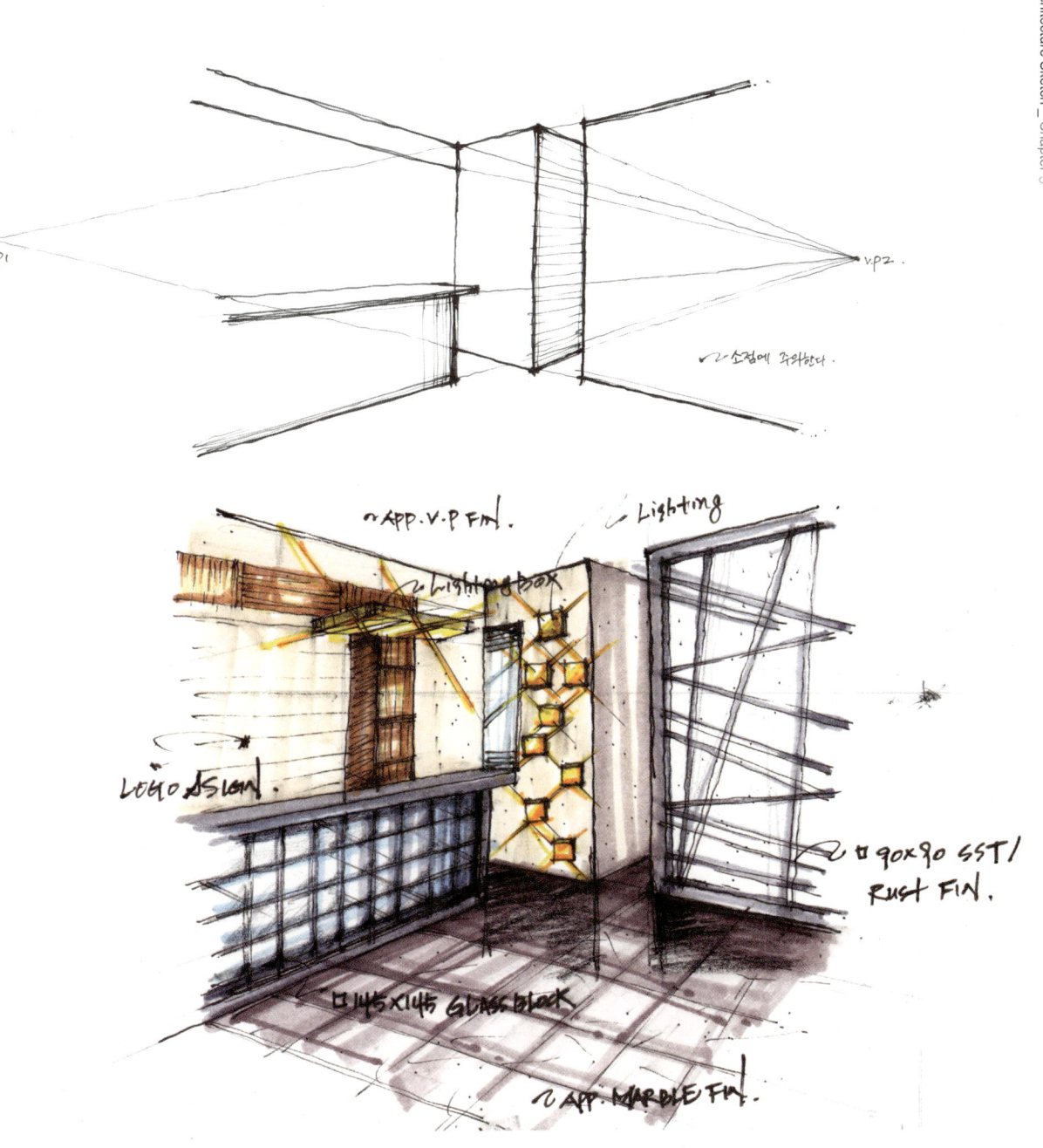

Point _ 소점에 주의하며, 테이블 하부 유리블럭 표현에 주의한다.

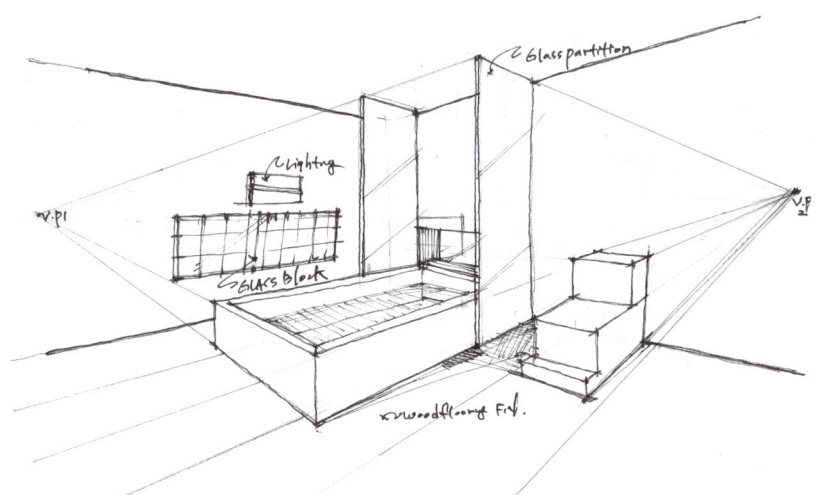

Point _ GLASS 표현과 욕조 들어간 부분의 명암 표현에 주의한다.

Point _ 펜 드로잉과 색연필만을 사용하여 터치한다.

Point _ 샤프를 사용한 드로잉, 벽난로 매입 부분과 의자 그림자에 주의한다.

Point _ 커텐주름 부분에 Gray로 터치하여 그림자를 표현한다. 의자 밑, 쿠션아래도 유사색 Gray(따뜻한색 - Warm Gray / 차가운색 - Cool Gray)로 그림자를 표현한다.

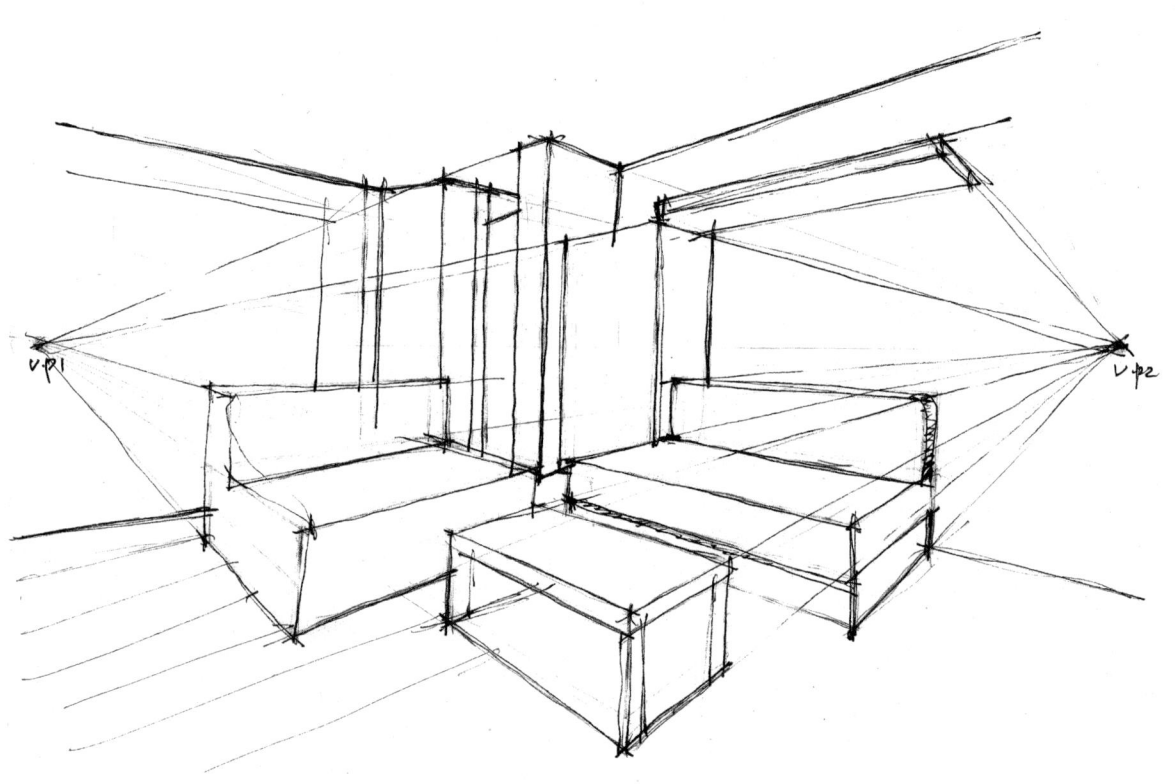

Point _ 2소점 실내 공간으로, 아기자기한 공간을 표현하기 위해 Fabric(로만쉐이드, Sofa, 쿠션)과 소품(도서, 액자, 꽃병 외)에 신경쓴다.

Point _ 펜과 색연필(Black)만을 사용한 스케치.

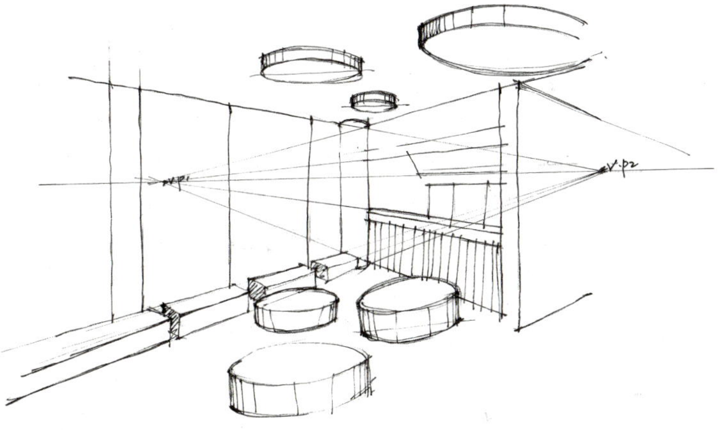

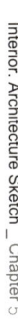

Point _ 펜과 색연필(Black, Red, Yellow)을 사용한 2소점 스케치.

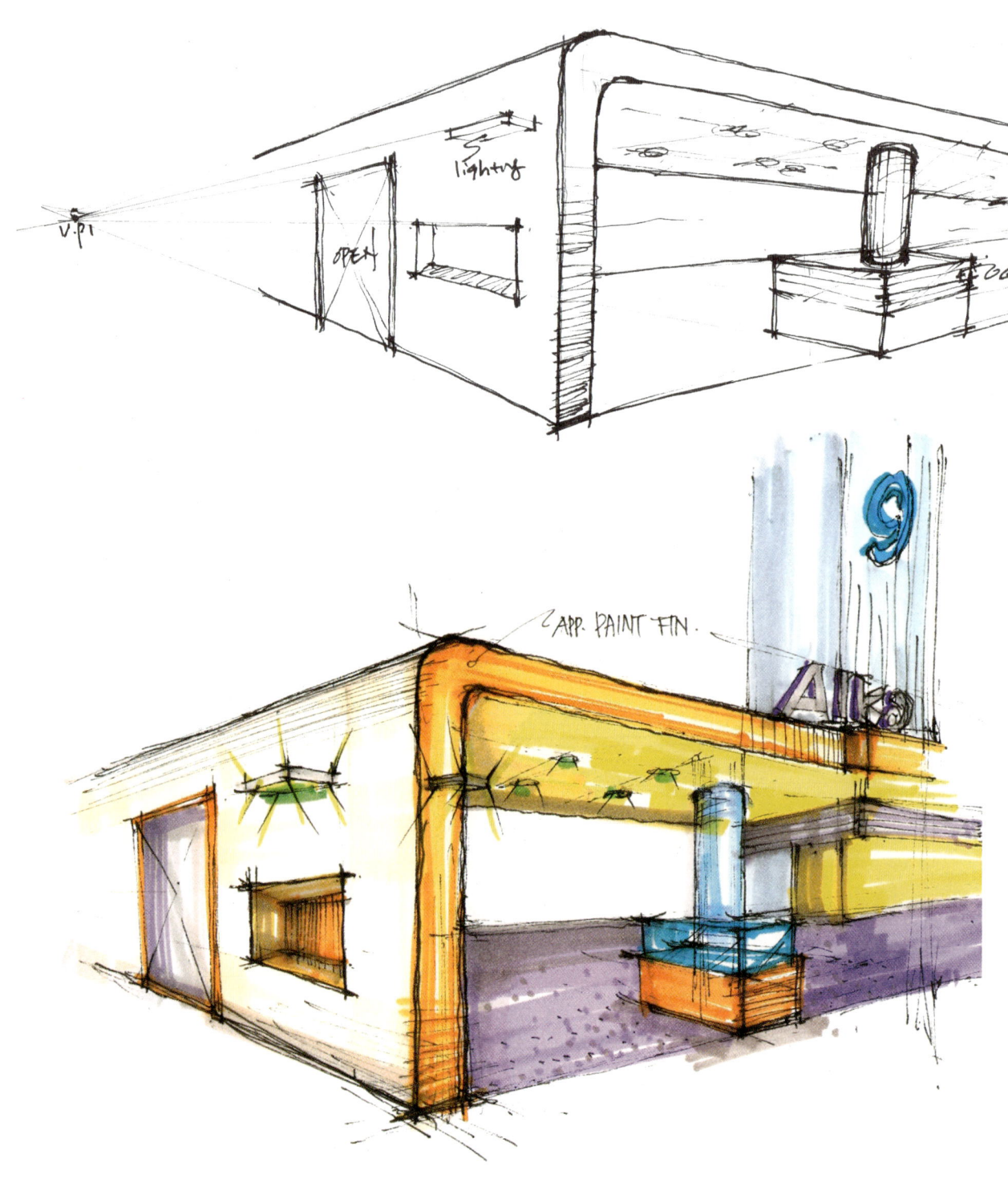

Point _ 2소점과 컬러링의 조화에 주의한다.

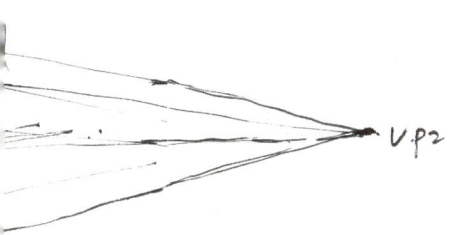

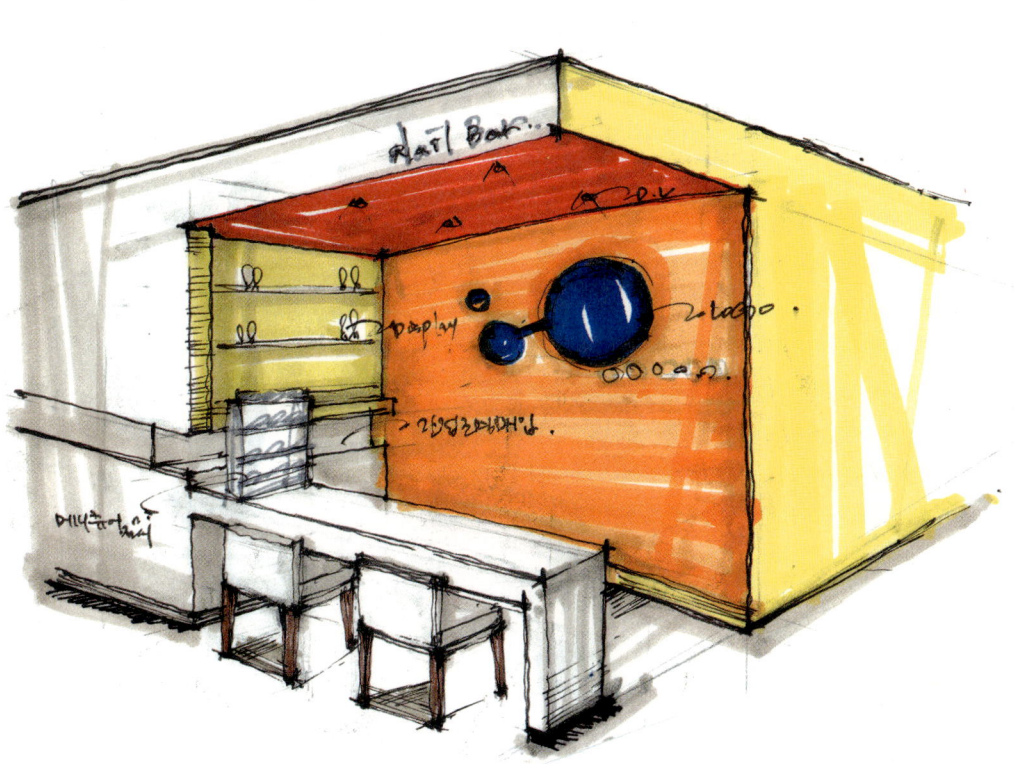

Point _ White, Blue, Yellow, Green등과 같은 Color대비를 정확히 표현하기 위해 면과 면이 만나는 부분에 명확하게 터치한다.

Point _ 마카 사용후 색연필을 다양한 방향으로 터치한다.

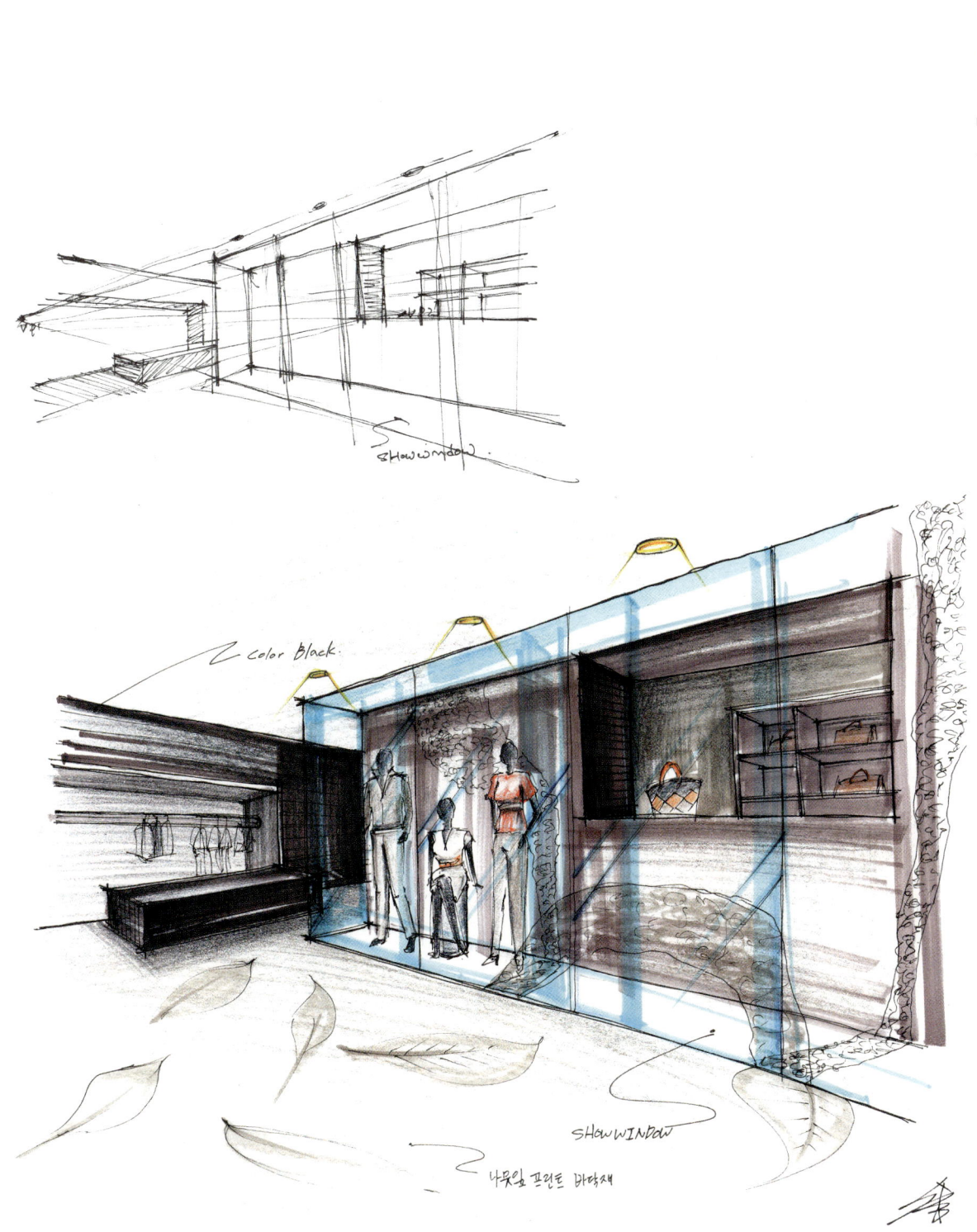

Point _ Showwindow의 표현을 부각시키기 위해 Soft한 느낌으로 스케치한다. 유리(Blue Color 마카)를 제외한 색연필 드로잉.

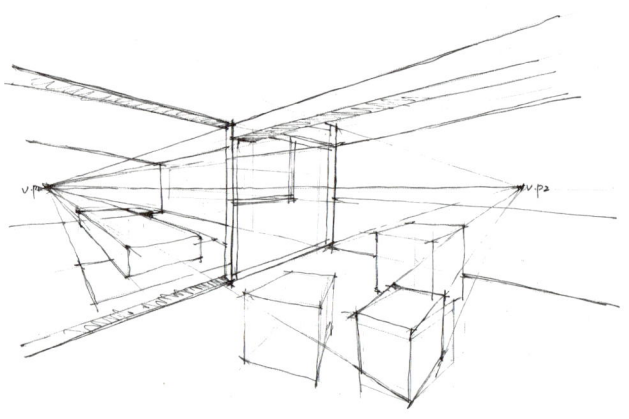

Point _ Wood 표현과 소점에 주의한다.

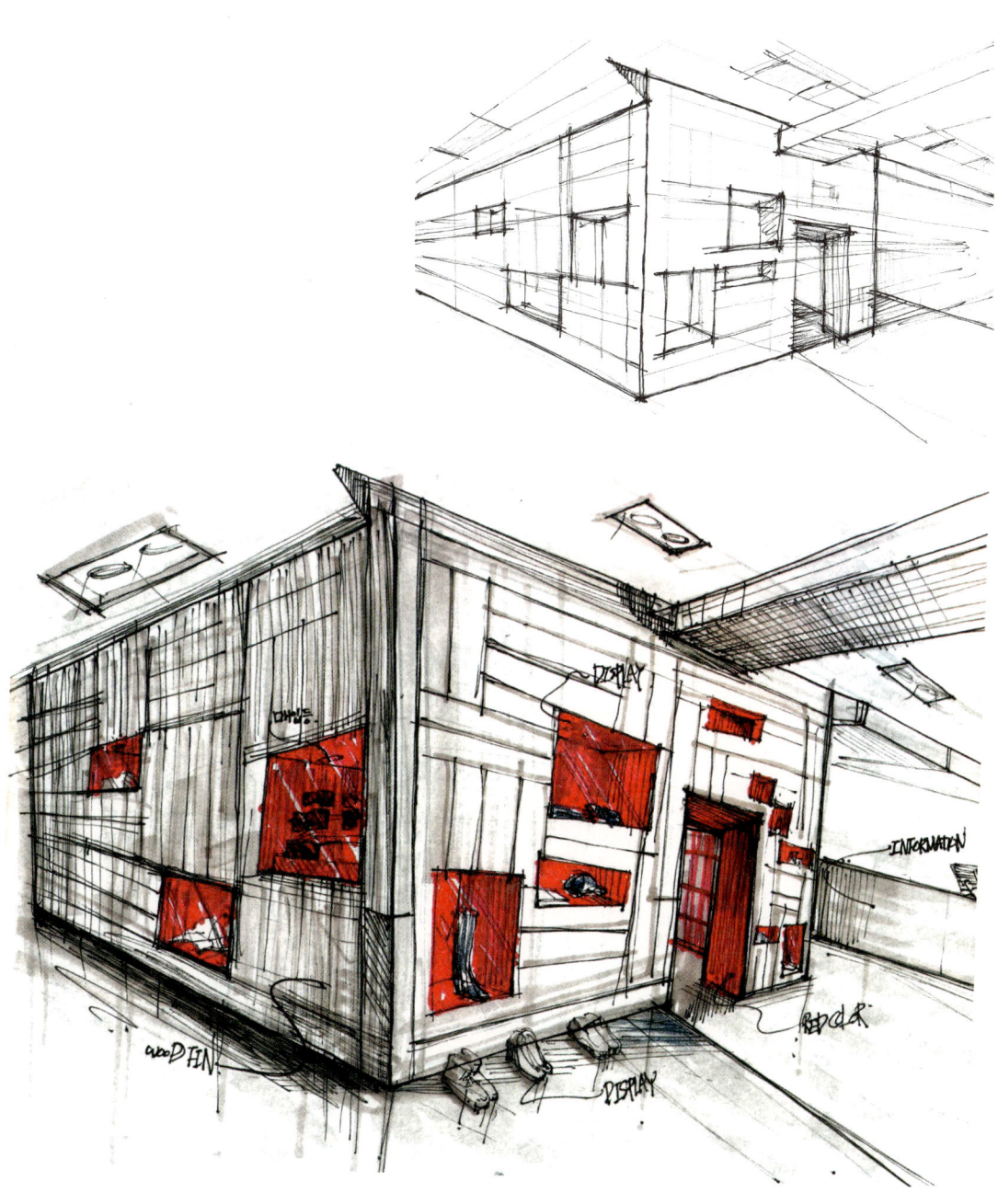

Point _ Warm Gray로 가볍게 터치하고, Red Color 매입벽 표현에 주의한다.

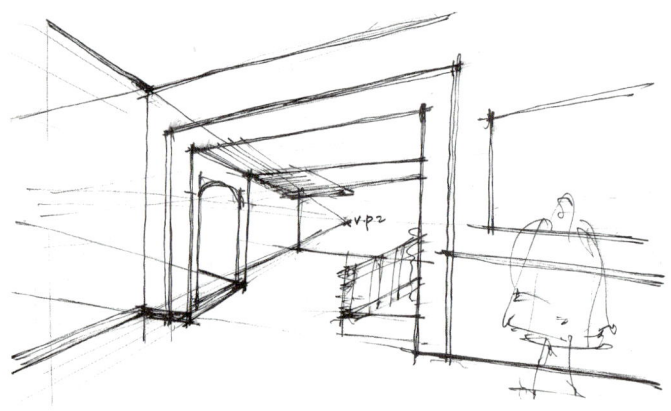

Point _ 하이라이트 부분에 White Pen을 사용하여 포인트를 준다.

Point _ Cool Gray Color를 밝은색부터 단계별로 터치하여 Steel의 외장재를 연출한다.

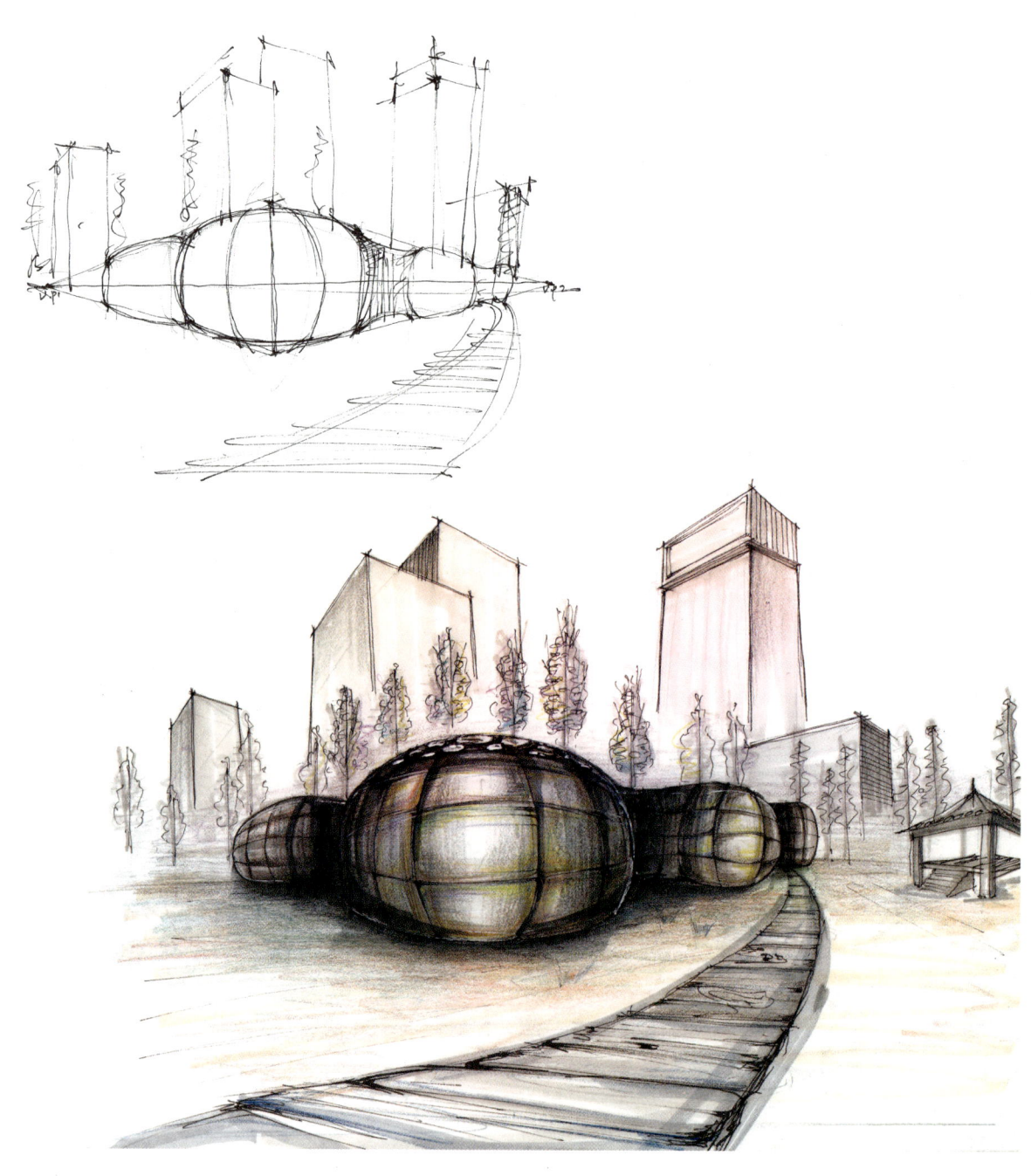

Point _ 색연필 드로잉, 라운드 표현에 주의한다.

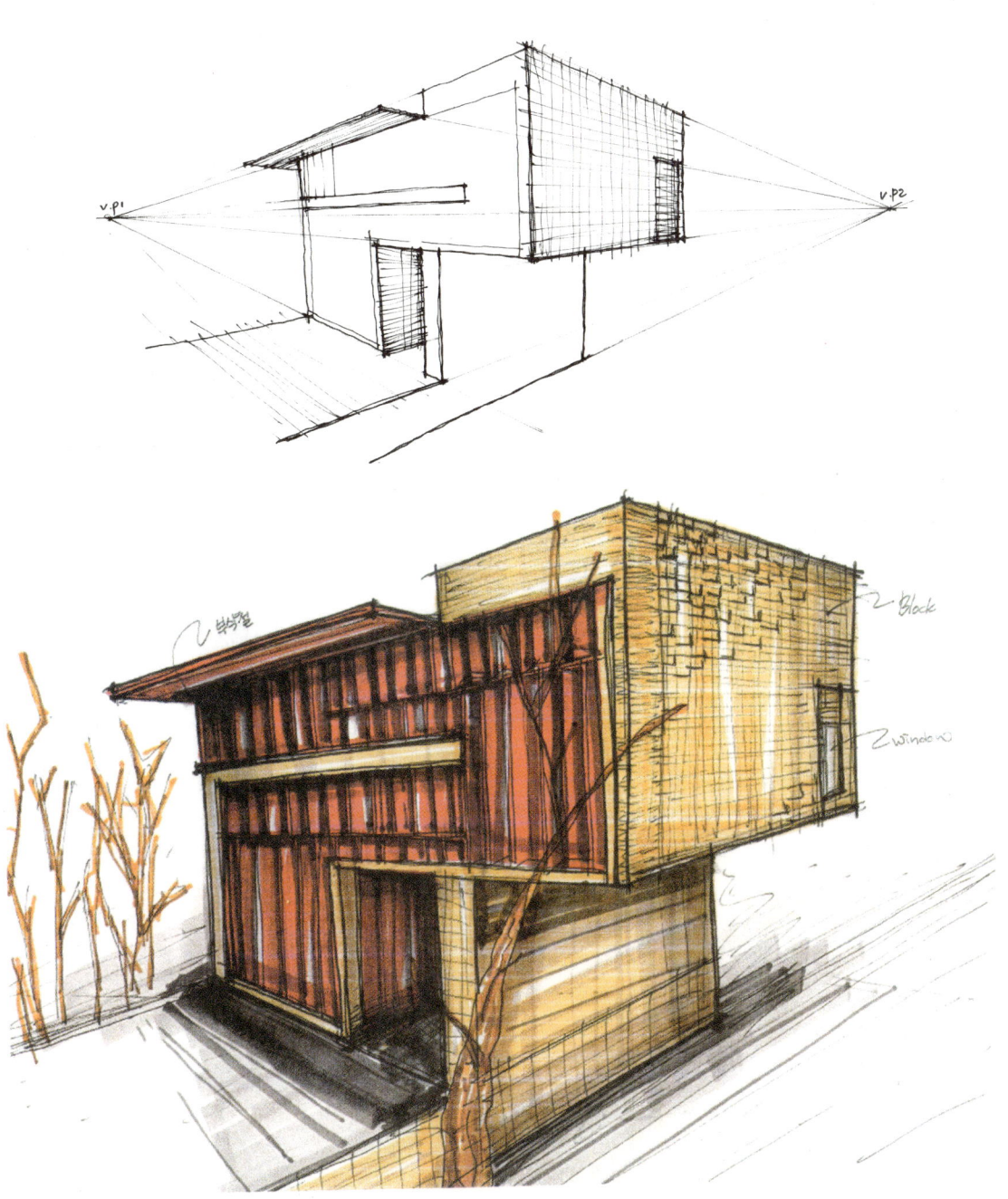

Point _ 2소점에 주의하여 Mass의 특성을 간략하게 스케치한다.

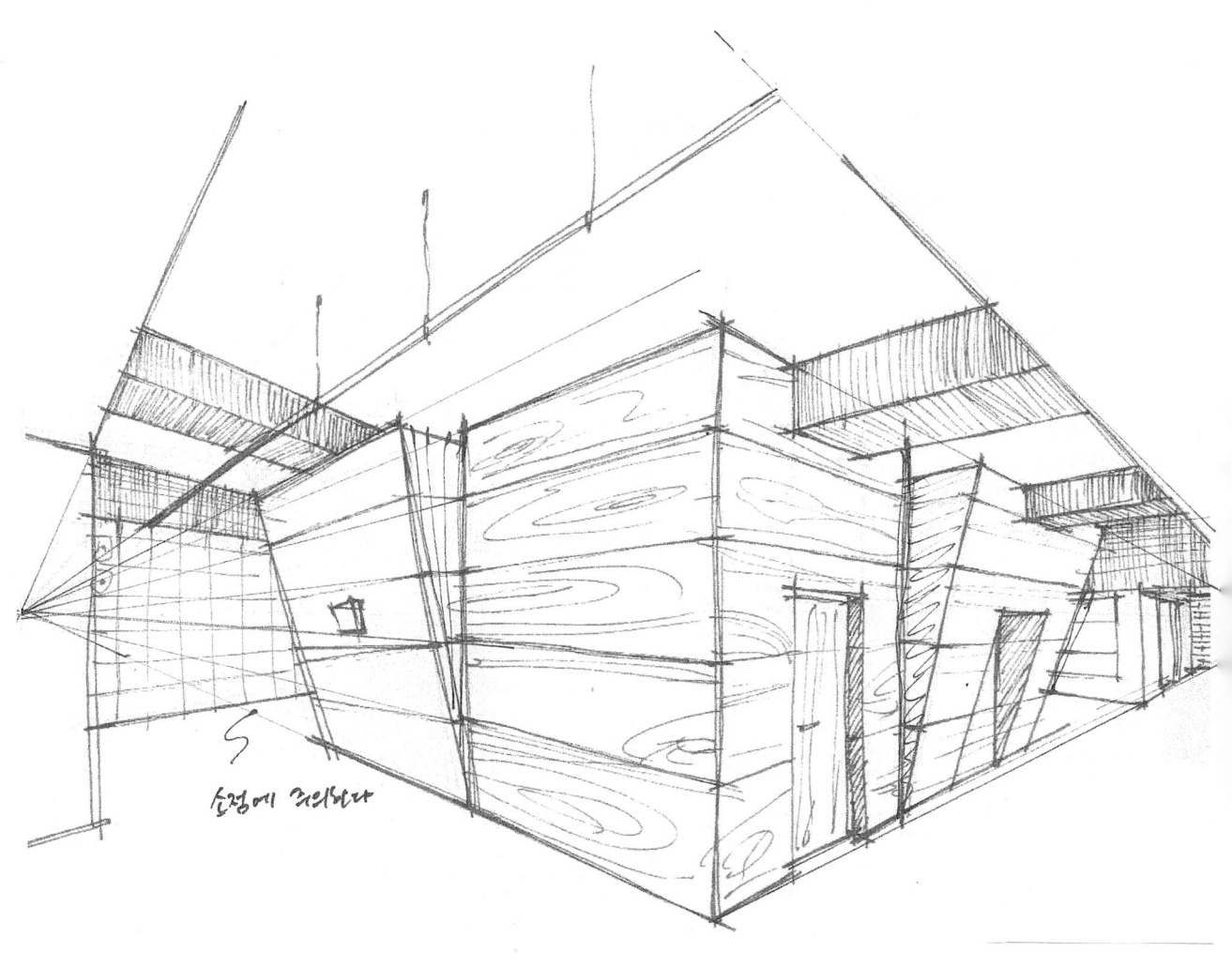

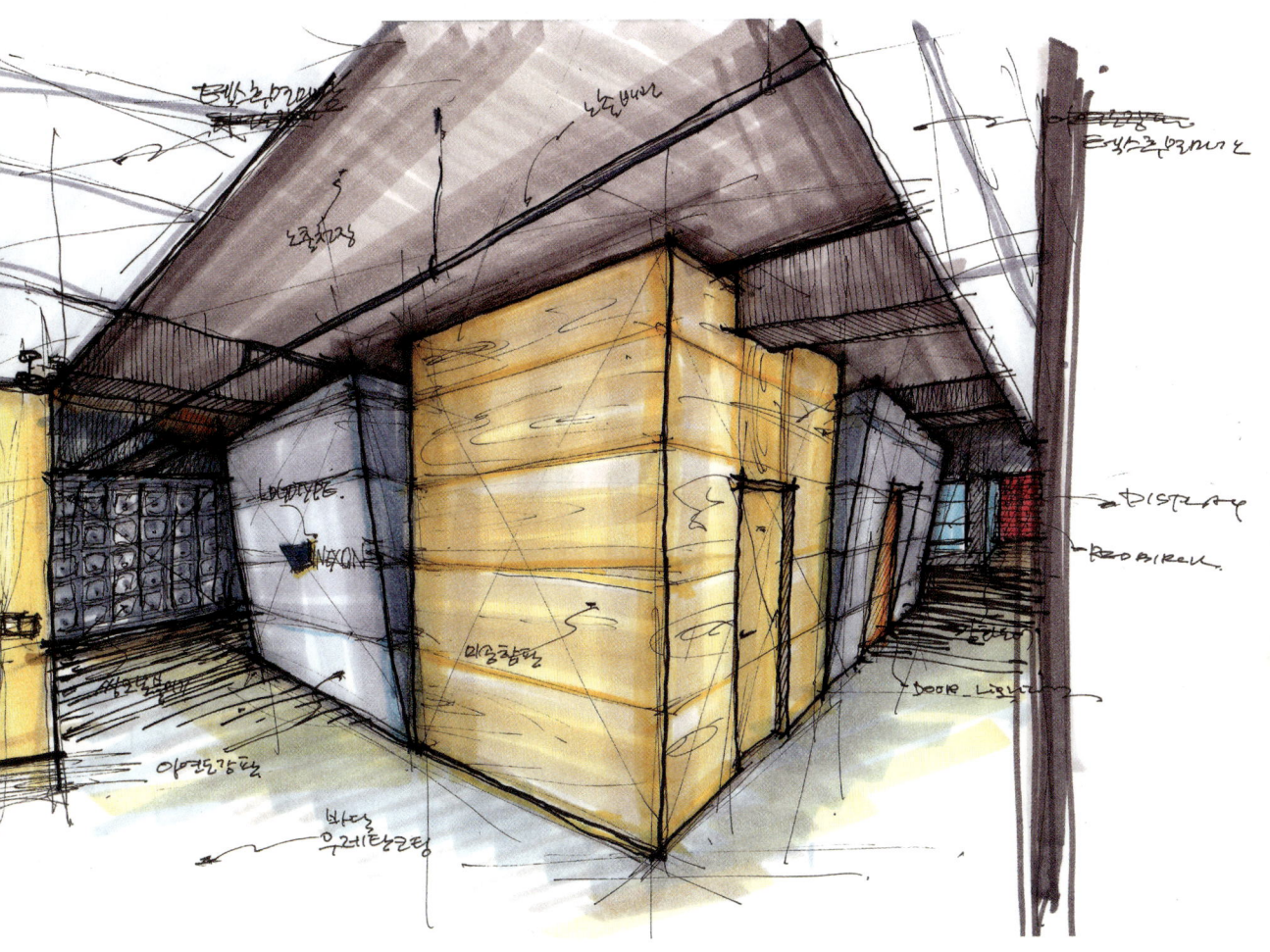

Point _ 기울어진벽 소점에 주의한다.

Point _ 세밀한 펜터치 표현에 주의한다.

Point _ 건물의 반사 표현에 주의하며, 펜터치의 효과를 높인다.

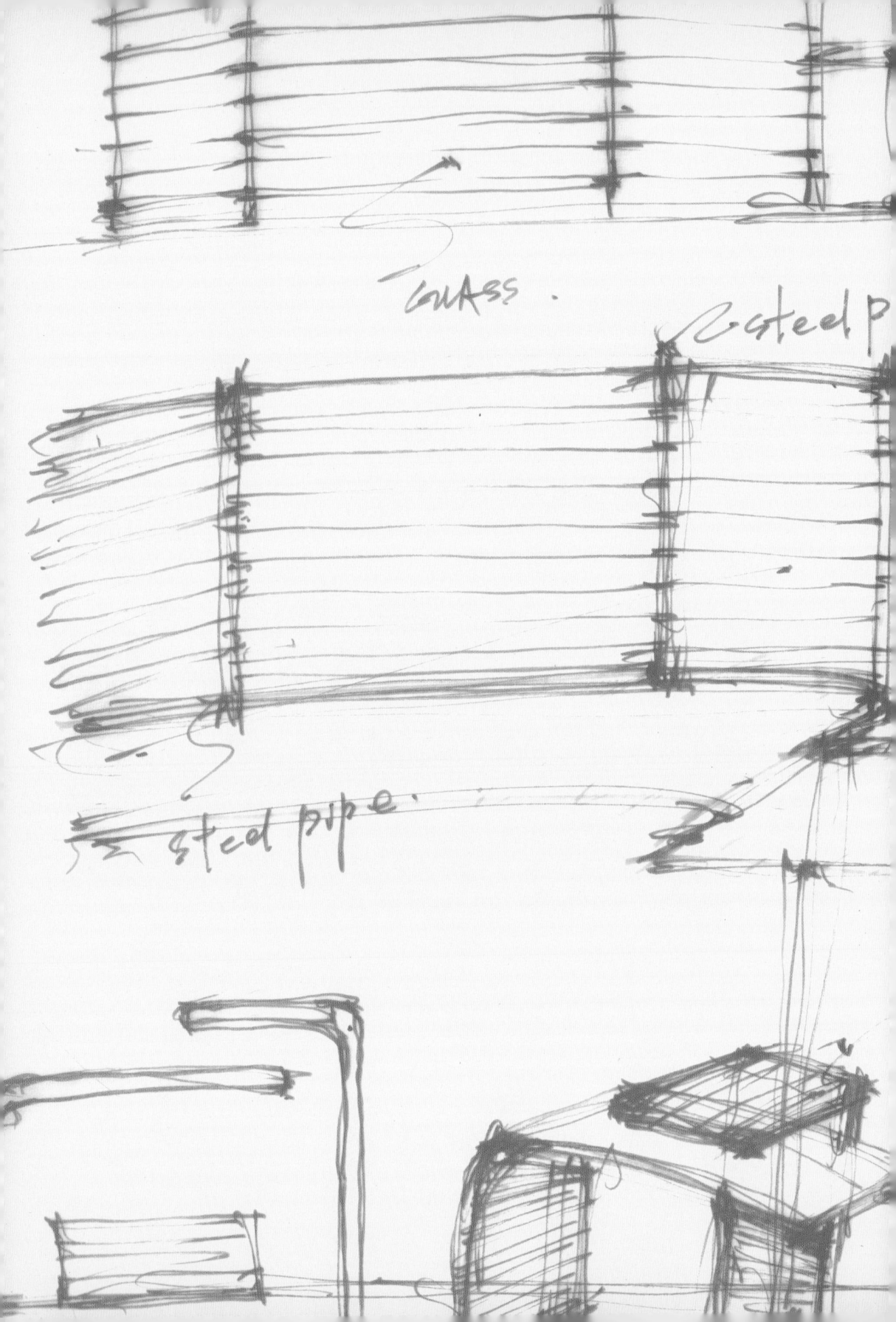

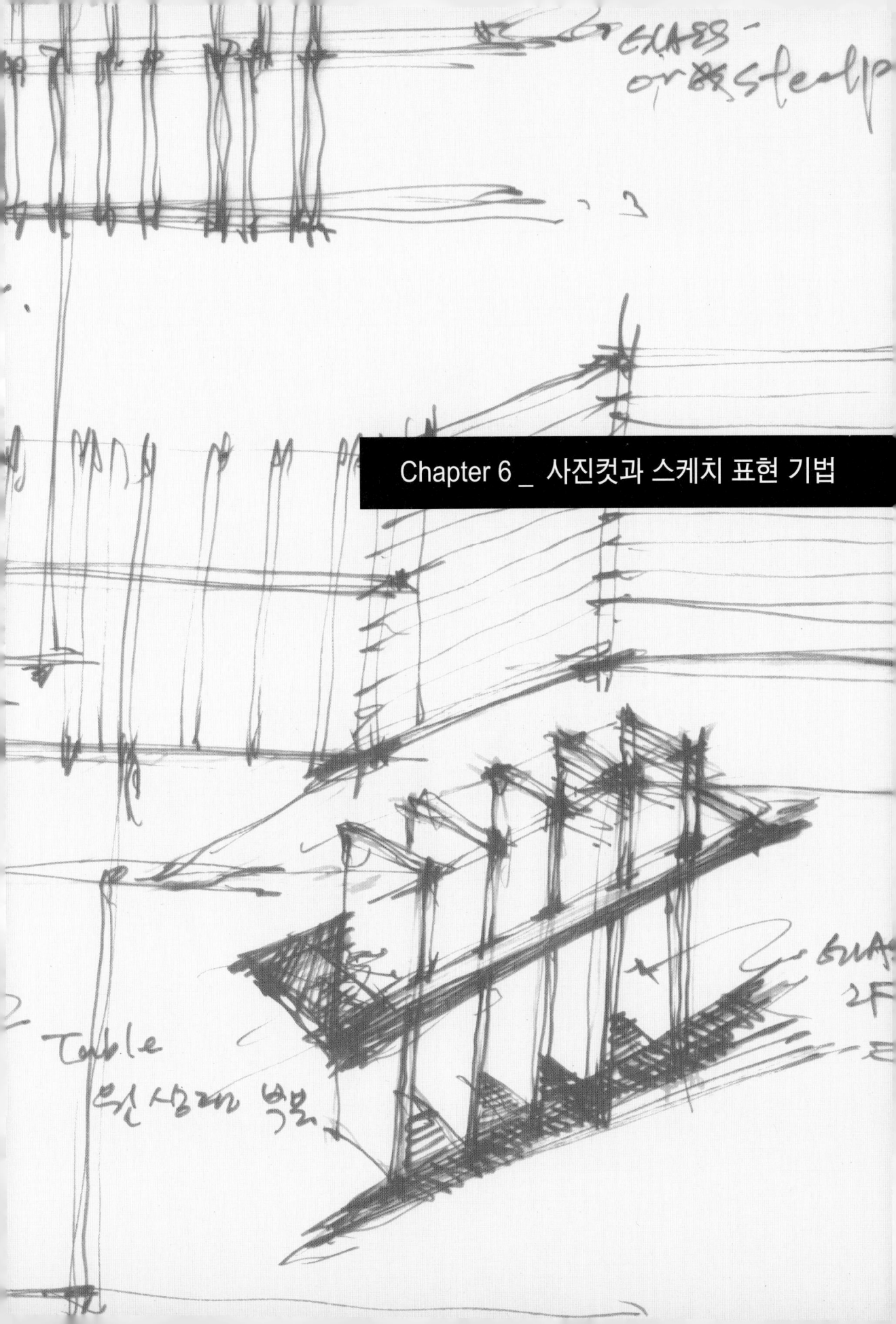

Chapter 6 _ 사진컷과 스케치 표현 기법

6_사진컷과 스케치 표현 기법

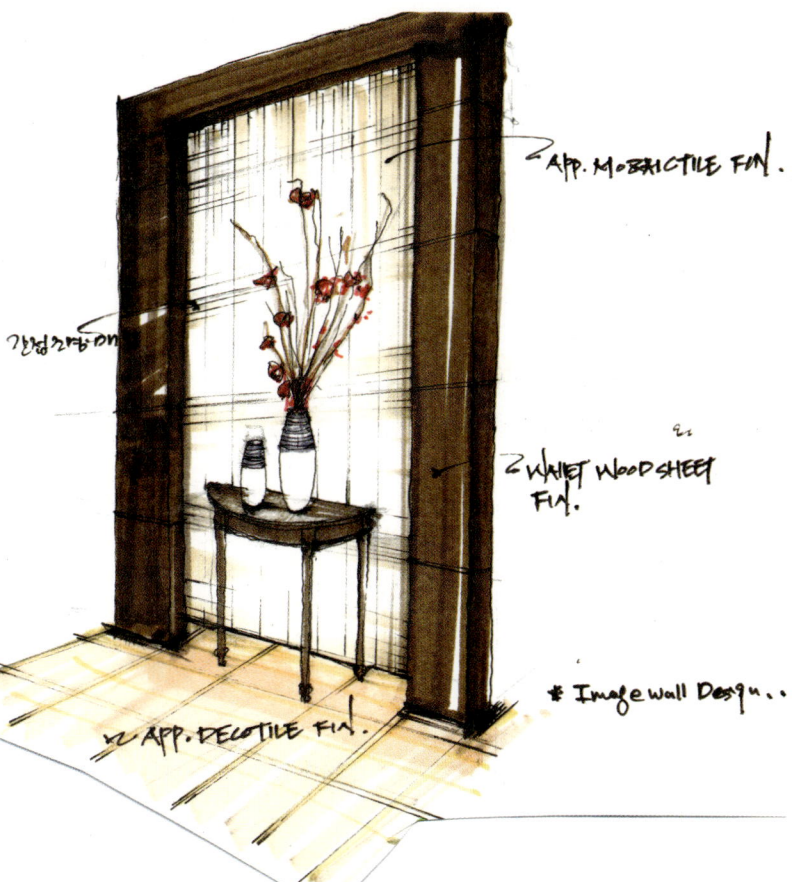

- APP. MOSAIC TILE FIN.
- 간접조명 매입
- WHITE WOOD SHEET FIN.
- APP. DECO TILE FIN.
- ＊ Image wall Design..

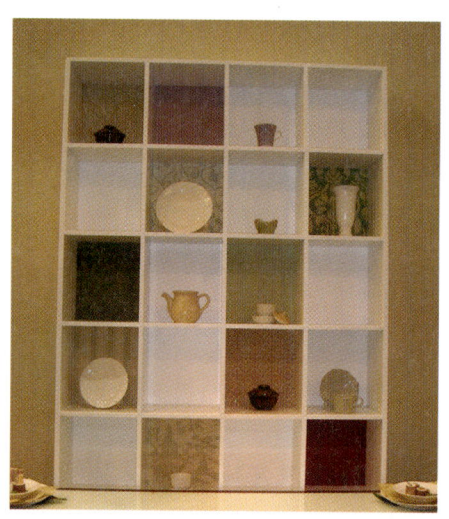

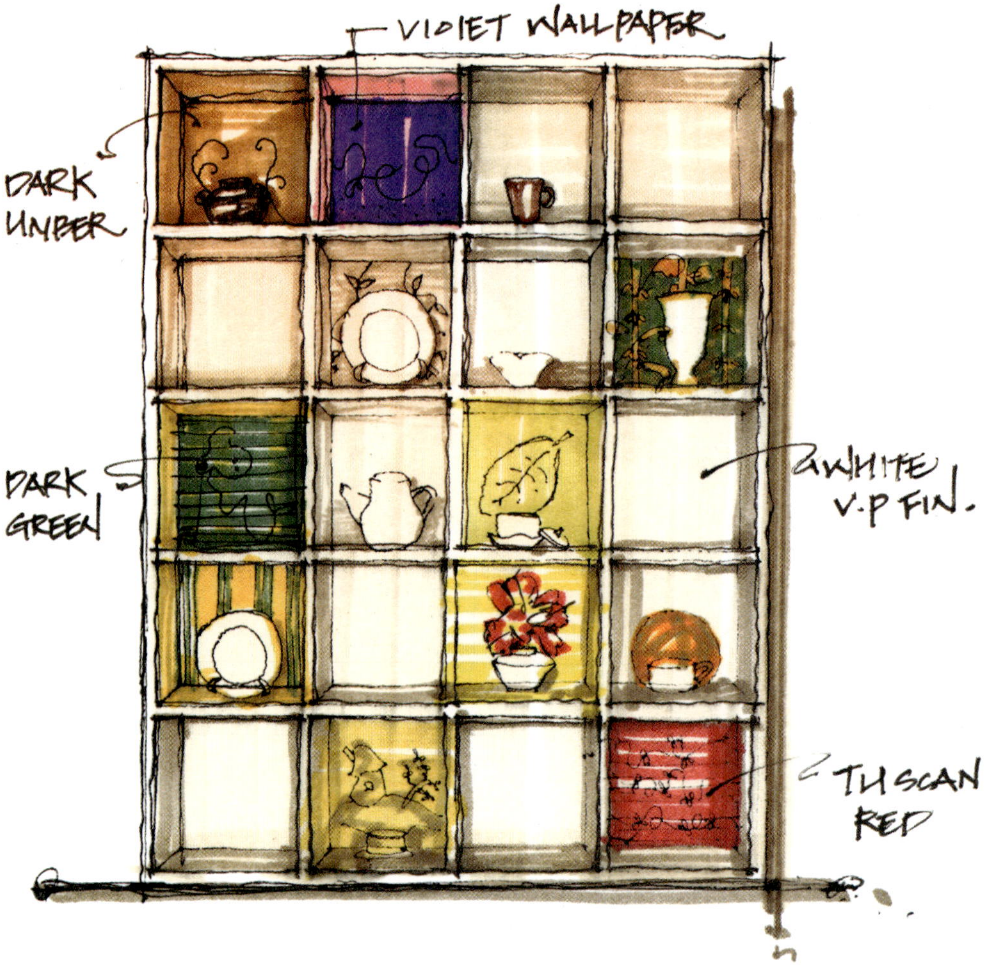
VIOLET WALLPAPER
DARK UMBER
DARK GREEN
WHITE V.P FIN.
TUSCAN RED

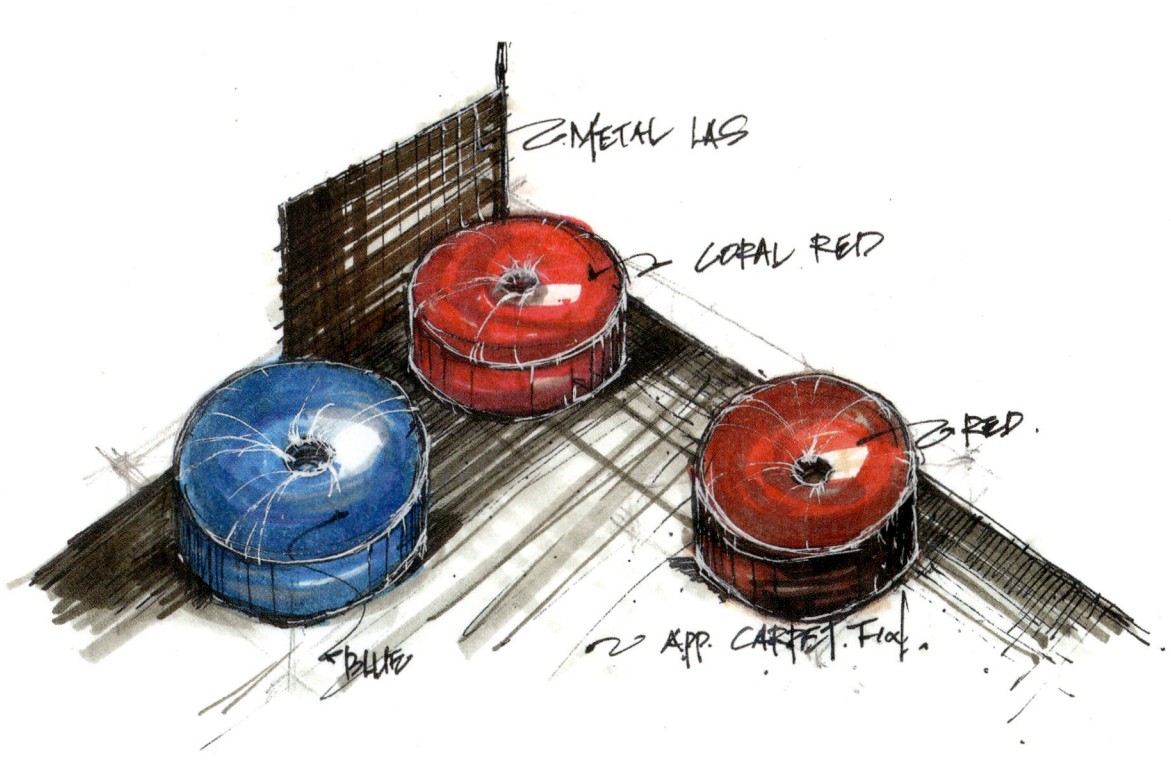

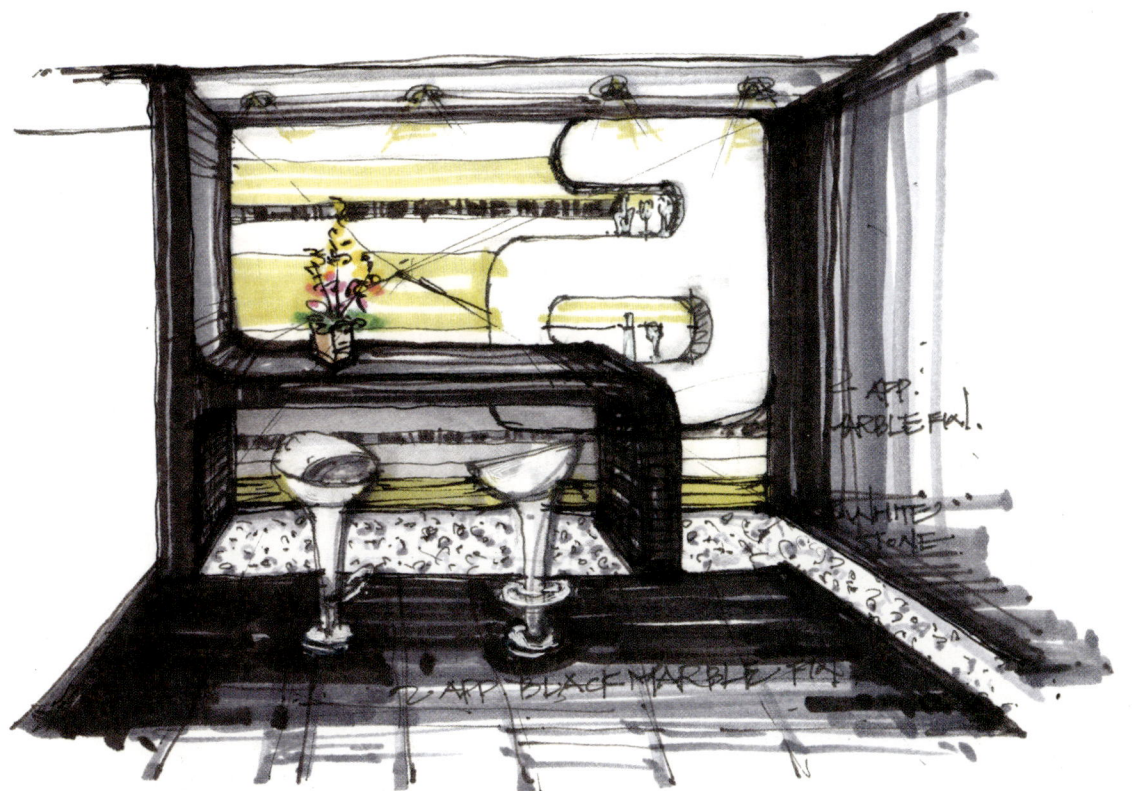

BANK, London

日本 동경 'Square Cafe'

Paju House   Inchon Paradise Hotel lobby restroom

LG chem yeosu wellbeing-center

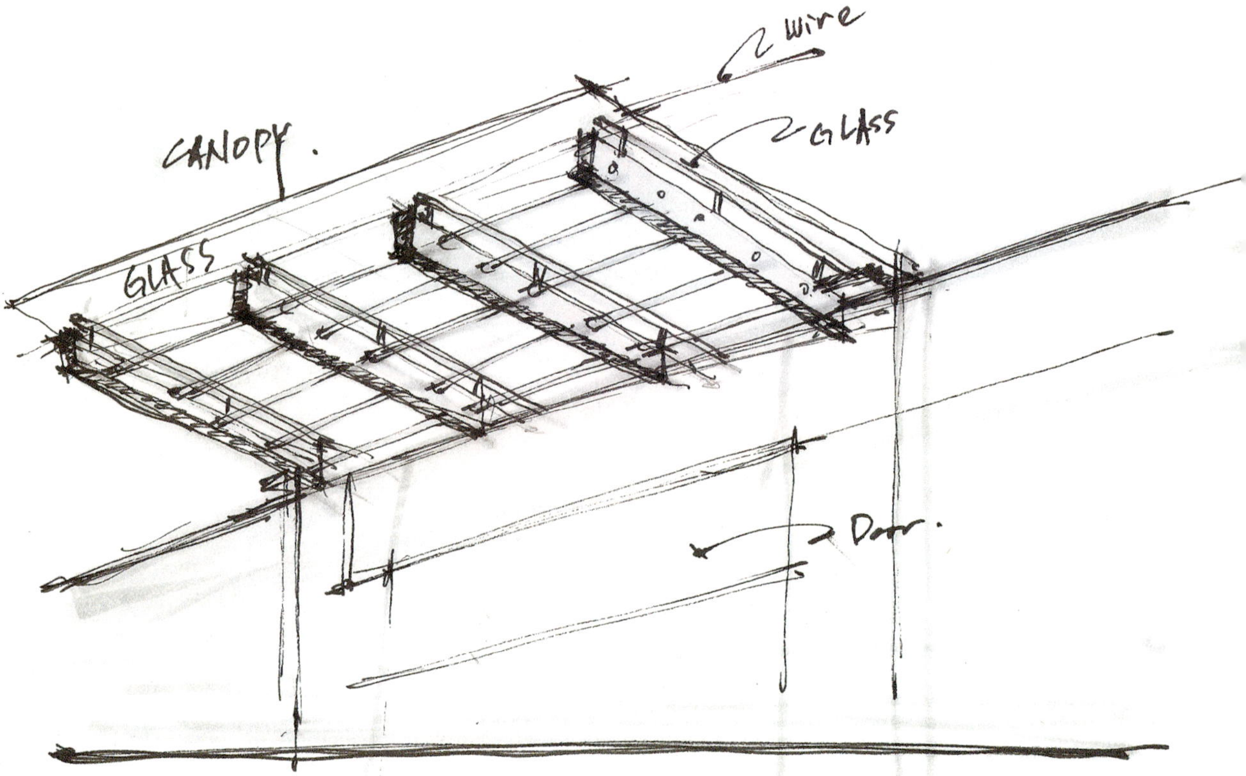

성북동 K씨 주택

My city, Japan

Burberry, Japan

Palestra House – Alsop Architects, London

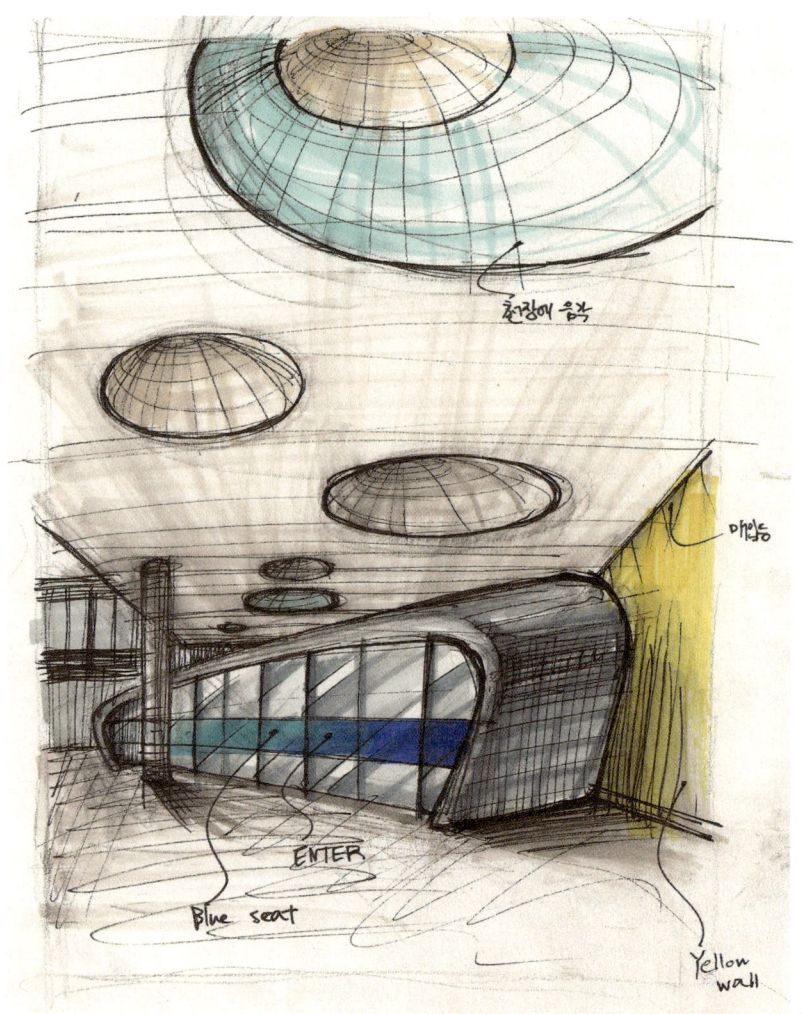

Geffrye Museum – Nigel Coates, London

2010 Milano

베를린의 유태인 박물관[The Jewish Museum Berlin], daniel libeskind

St. Martins Lane hotel – Philippe Starck, London

日本 동경

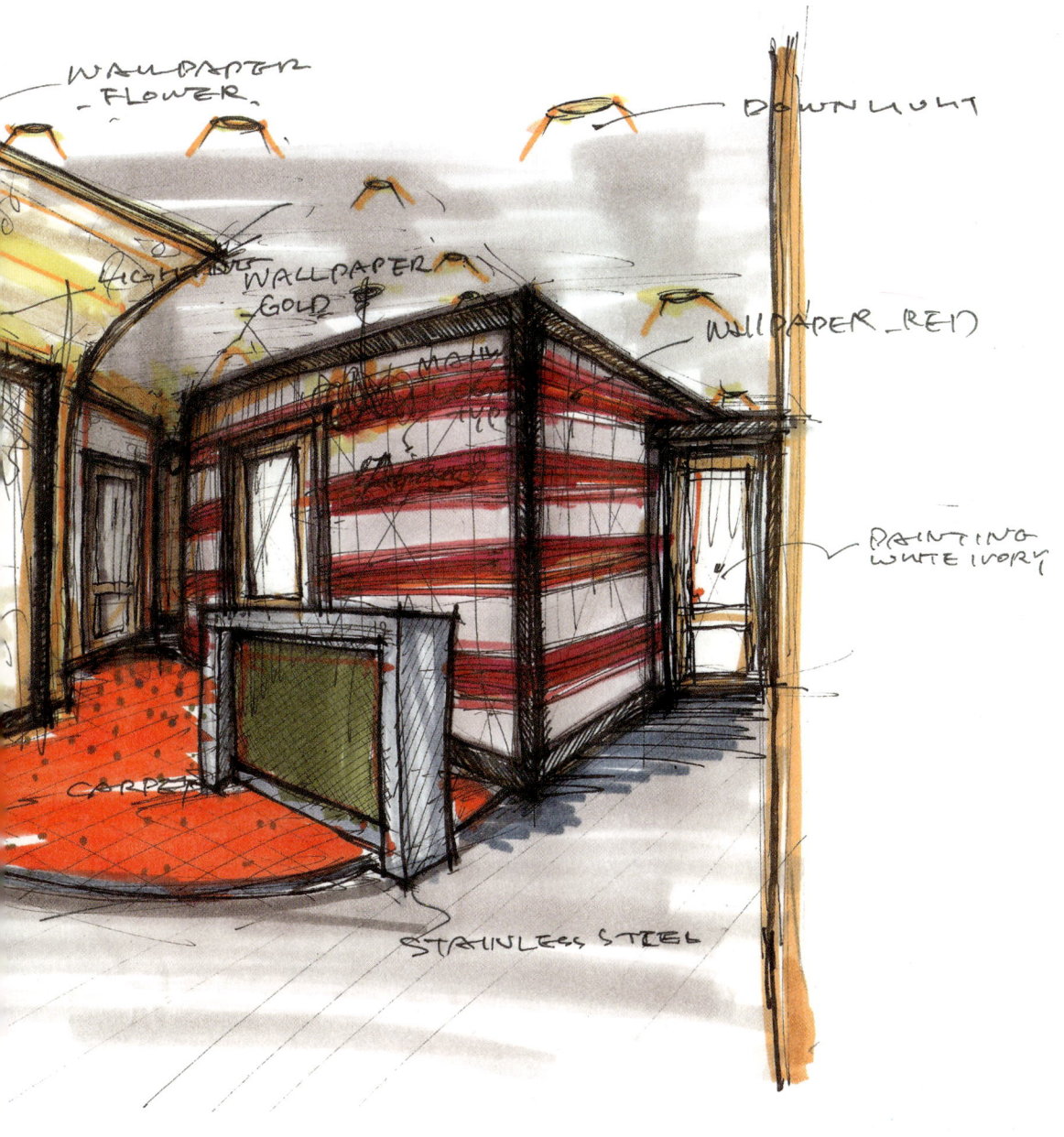

옥계 휴게소

옥계 휴게소

베를린의 유태인 박물관[The Jewish Museum Berlin], daniel libeskind

Queen's Square, Yokohama

헤이그시청사 - Richard Meier, Netherland

Asahi Superdry hall – Philippe Starck, Japan

Collezione – Ando Tadao, Tokyo

압구정 'EYE AVENUE'

증권거래소 – Nicholas Grimshaw, Berlin

National Netherlands building – Frank Owen Gehry, Prague

베를린 필하모니 음악당[Berliner Philharmonisches] – Hans Scharoun, Berlin

ING그룹본사, Netherland

도쿄 국립박물관_호류지 보물관

도쿄문화회관

NAI (Netherlands Architecture Institute)

NAI (Netherlands Architecture Institute)

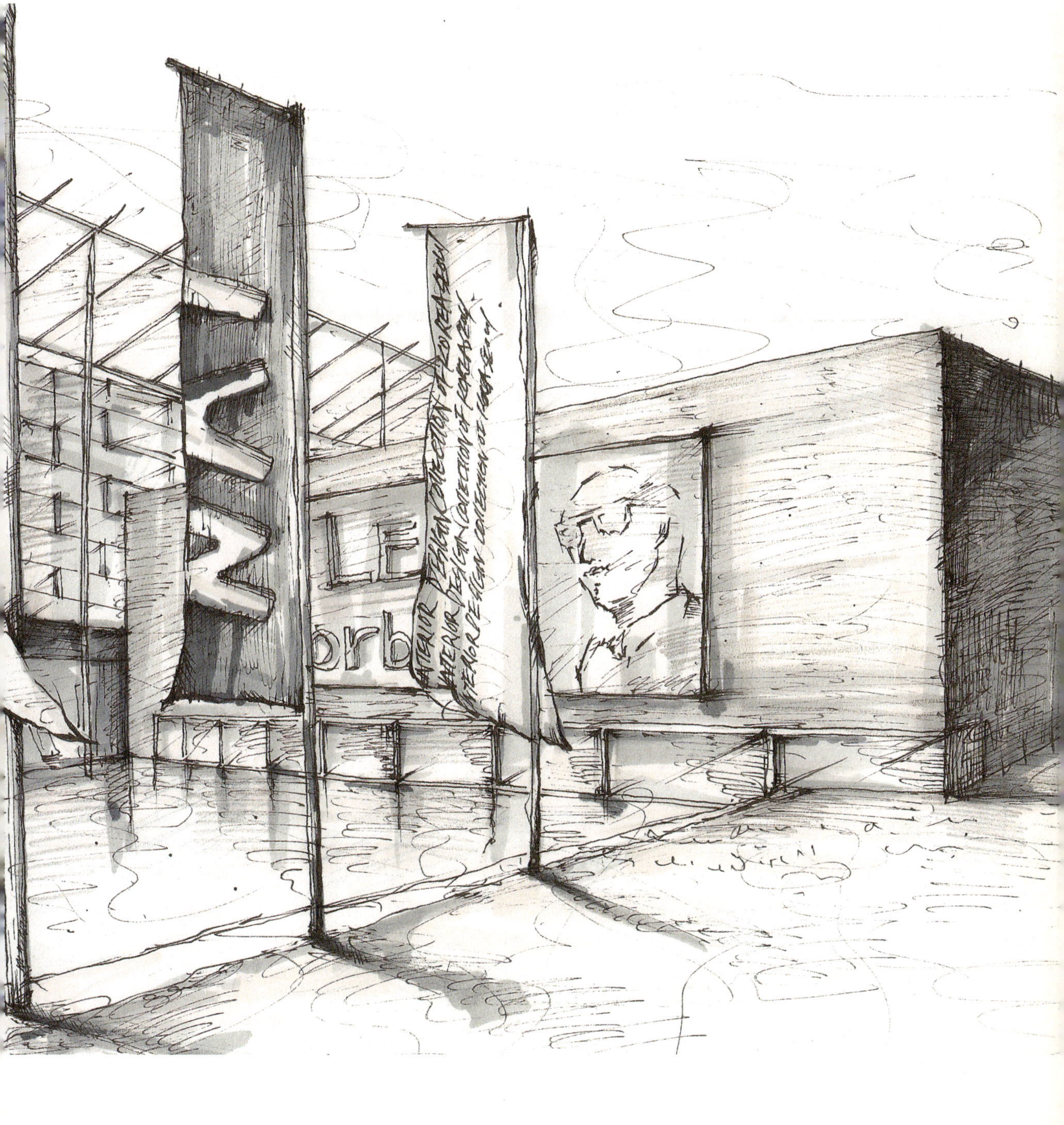
LE
orb

Yokohama International Ferry Terminal, Japan

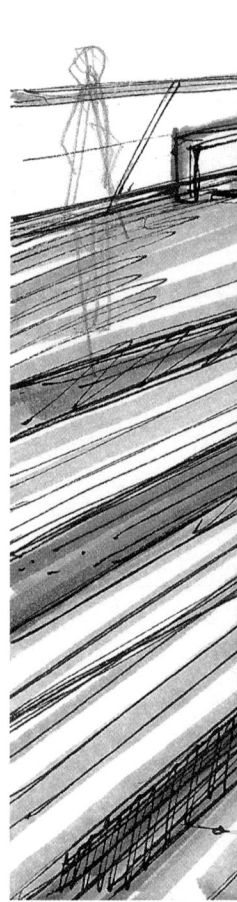

Prague[프라하], Czech[체코]

| 참고문헌 |

실내건축 디자인 실무 / 성안당 / 전명숙 저
가구디자인 제도 / 미진사 / 오태주 저
건축의장과 표현기법 / 기문당 / 허동국 저
실내디자인 설계입문 / 서 우 / 김미옥 저
표현기법 / 서우 / 이윤주, 김영애 저
컬러렌더링 / 예경 / 웨이 동 저
건축 & 실내건축 스케치 / TAS 실내건축연구소 / 신상호 외

Interior · Architecture Sketch
새로운 발상의 시작 : 인테리어 건축 스케치

정가 | 25,000원

지은이 | 임 은 지
펴낸이 | 조 상 범
펴낸곳 | 도서출판 건기원

2011년 8월 5일 제1판 제1인쇄
2011년 8월 10일 제1판 제1발행

주소 | 서울특별시 강서구 공항동 1358-5 (157-816)
전화 | (02)2662-1874~5
팩스 | (02)2665-8281
등록 | 제11-162호, 1998. 11. 24

· 건기원은 여러분을 책의 주인공으로 만들어 드리며 출판 윤리 강령을 준수합니다.
· 본서에 게재된 내용일체의 무단복제 · 복사를 금하며 잘못된 책은 교환해 드립니다.

ISBN 978-89-5843-659-1 93540